Klaus Richarz

Natur erleben rund ums Haus

Klaus Richarz

Natur erleben rund ums Haus

KOSMOS

Inhalt

Der Natur auf der Spur

Natur im Haus

In unserer nächsten Umgebung ist die Natur allgegenwärtig: der Eichelhäher auf unserer Tanne im Garten, der Igel am Komposthaufen, das Meisennest im Briefkasten, der Schmetterling auf einer Blüte. Täglich freuen wir uns an der Natur, interessieren wir uns dafür, wie wir sie näher zu uns bringen, machen wir uns Gedanken, wie wir sie schützen können. Am vertrautesten sind uns die Tiere, die in unserer allernächsten Umgebung unser Leben teilen, und denen unsere Vorfahren im Laufe der Zeiten »Hausnamen« gaben: Hausrotschwanz, Haussperling, Hausspinne, Hausfledermaus, Hausmaus, Hausmarder, Mauersegler, Hausratte, Hausspitzmaus. Oder noch »näher« Brot- und Mehlkäfer, Küchenschabe, Stubenfliege, Pelzkäfer, Kleidermotte und Bettwanze. Nicht alle diese Gefährten sehen wir gerne und glücklicherweise ist es uns dank verbesserter hygienischer Verhältnisse gelungen, die Ungebetenen unter den Gästen deutlich zu reduzieren.

Dachböden sind sommerwarme Höhlen für ursprünglich baumhöhlenbewohnende Fledermausarten sowie temperierte Winterquartiere für Baum- und Felshöhlenüberwinterer unter den Fledermäusen. Auch sind sie Überwinterungshabitate für Sieben- und Gartenschläfer, Tagpfauenauge, Kleiner Fuchs, Zickzack-Eule, Florfliege und andere verschiedene Fliegen. Keller sind Lebensstätten für verschiedene Höhlen liebende Arten, z.B. Kurzflügler- und Schimmelkäfer, Asseln, Springschwänze, Steinkriecher, Spinnenarten (z.B. Zitterspinnen, Hauswinkelspinnen) sowie Schnecken, stellenweise auch Winterquartiere für Fledermäuse. Altes Bauholz ist Totholz-Ersatz

Links Die Florfliege wird »häuslich«, um den Winter in Gebäuden zu verbringen.

Mitte Eichelhäher. Auffällig durch sein Gefieder und den Alarmruf, ein lautes Rätschen

Rechts Hausmaus. Auszug aus asiatischen Steppen und Einzug in unsere Häuser.

für einige Käfer und Hautflügler. Schilf- und Strohdächer werden von Stängel- und Halmbrütern wie verschiedenen Grab-, Faltenwespen und Bienenarten genutzt.

Die »Kleider« unserer Häuser bieten viele Möglichkeiten. Begrünte Hauswände sind eine kleine Welt für sich. Hier herrscht emsiges Treiben, und viele Tiere können wir gut aus der Nähe beobachten. Schlingknöterich, Efeu, Geißblatt, Wilder Wein, Clematis oder Waldrebe locken bis zu 80 Wildbienenarten, Honigbienen, verschiedene Hummeln und Schwebfliegen an. Schmetterlinge – vom Hummelschwärmer über den Mittleren Weinschwärmer bis hin zum Nachtschwalbenschwanz mit seiner besonderen Vorliebe für Efeu – saugen an den Blüten oder leben als Raupen von den Blättern bestimmter Kletter- und Schlingpflanzen. Auch Käfer, Spinnen, Blattläuse, Blattwanzen und Asseln sind im grünen Dickicht unterwegs.

Eine beträchtliche Anzahl von Vogelarten, z. B. Haussperling, Kohlmeise, Grauschnäpper, Rotkehlchen, Distelfink, Misteldrossel und Ringeltaube, können wir dabei beobachten, wie sie die Beeren unseres Wilden Weines verzehren. Die blauschwarzen Efeubeeren sind bei Amsel, Star, Kernbeißer und Seidenschwanz – einem seltenen Gast in unserem Garten – heißbegehrt. Die dichte Wandbegrünung wissen Zaunkönig, Hausrotschwanz, Grünling, Grauschnäpper und Amsel als Nistplatz zu schätzen.

Natur vor der Tür

Schauen wir nach draußen. An einer wettergeschützten, sonnenbestrahlten Hausseite bemerken wir viele kleine Trichter im sandigen Boden. Von der Ameisenschar, die hier entlang marschiert, wagt sich eine Ameise gefährlich nahe an einen Trichter heran, als dieser plötzlich lebendig wird. Aus der Trichtertiefe fliegen auf

Links Rotkehlchen fühlen sich in Gärten mit Unterwuchs wohl.

Mitte Ringeltauben brüten in Wäldern und Baumgruppen in Feldernähe, neuerdings auch häufig in Gärten, Parks und auf Friedhöfen.

Rechts Seidenschwanz. Wo diese Vögel früher als Wintergäste unregelmäßig bei uns auftauchten, galten sie als Unglücksbringer.

einmal Sandkörnchen auf, die Ameise gerät ins Trudeln, strauchelt schließlich und schlittert unaufhaltsam den Trichter hinab, an dessen Grund sie zwischen zwei kräftigen Klauen gepackt wird – den Kieferzangen des Ameisenlöwen. Die Faszination dieses »Löwenjagdverhaltens« ist seit Rösel von Rosenhof ungebrochen. Der frühe Naturkundler widmete dem Ameisenlöwen bereits 1755 in seiner weltberühmten »Insektenbelustigung« eine exakte Beschreibung nebst Zeichnungen.

Mit seinen Waffen bringt er übrigens noch weit größere Beutetiere zur Strecke. Er injiziert ihnen durch die hohlen Kieferklauen lähmendes Gift, um sie auf dem gleichen Wege auch auszusaugen. Was von der Beute übrigbleibt – nichts als die leere Hülle –, schleudert er ebenso achtlos wie elegant aus dem Trichter heraus wie die Sandkörner. Der »bullige« Ameisenlöwe ist übrigens die Larve der äußerst grazilen, libellenähnlichen Ameisenjungfer. Sie zählt zu den echten Netzflüglern, also zur näheren Verwandtschaft der Florfliege.

Links Wegen ihres bevorzugten Nistplatzes wurde die Dohle früher auch Turmrabe genannt.

Mitte Turmfalken nutzen hohe Gebäude mit Öffnungen und Nischen als Felsersatz.

Rechts Amsel. Einst nur im Wald, heute auf jedem Rasen zu Hause (hier: Männchen)

Auch die Einwanderung von Vogelarten spiegelt die Entwicklungsgeschichte unserer Siedlungsräume wider. Mittelalterliche befestigte Städte boten mit ihrer dichten Bebauung und nur wenig Grün vor allem den Vögeln schroffer Felslandschaften Möglichkeiten der Ansiedlung. Viele Arten haben schon jahrhundertealtes Wohnrecht. Bei manchen kommt das auch im Namen zum Ausdruck: Turmfalke, Mauersegler, Hausschwalbe oder Dohle (Turmrabe) teilen mindestens schon seit dem Mittelalter Haus und Hof mit uns Menschen. Während der Hausrotschwanz an fast allen Bauwerken kleine Nischen zum Brüten nutzte, fand der Turmfalke an hohen Gebäuden, vor allem Türmen, seinen Felszinnen-Ersatz. Heute hat er seine Reviere fast lückenlos über unsere Siedlungen verteilt und jagt zwischen Häusern vor allem häufig Kleinvögel, an Ortsrändern und auf Grünflächen überwiegend Mäuse.

Zu den häufigsten und uns sehr vertrauten Vogelgestalten ums Haus und im Garten zählt heute die Amsel. Noch im 19. Jahrhundert galt sie bei uns als scheuer

Waldvogel. Als Weichfresserin ernährt sie sich im Frühjahr und Sommer hauptsächlich von Würmern und Bodeninsekten und verlegt sich im Herbst und Winter aufs Beerensammeln. Amseln suchen lieber am Boden nach Nahrung als im Geäst der Bäume. Die getrimmten Rasen unserer Gärten und Parks bescheren ihnen ideale Bedingungen für ihre Suche nach Regenwürmern.

Natur im Garten

Gärten wurden im Laufe ihrer Geschichte ganz unterschiedlich genutzt, angefangen bei den ersten Bauerngärten, über Burg- und Klostergärten, bis hin zu Kräuter-, Apotheker- und Obstgärten. Die ersten Bauerngärten waren sicherlich reines Nutzland. Hier wuchsen Pflanzen, die ausschließlich der Ernährung oder auch der

Behandlung von Krankheiten dienten. Die Palette an Obst und Gemüse war breit, wie Zeugnisse des damaligen Pflanzenanbaus – etwa die Pfahlbauten am Bodensee – belegen: Sie reichte von Äpfeln über Linsen, Erbsen, Saubohnen, Möhren, Rüben, Feldsalat, Pastinak, Kohl, Ampfer, Wegwarte, Guter Heinrich, Wegerich, Brennnessel bis hin zu Kümmel, Petersilie und Mohn. Heute lieben wir unsere Bauerngärten nicht zuletzt wegen der Mischung aus Nutz- und Zierpflanzen in einem oft wildromantischen Durcheinander. Aber gleich ob Nutzgarten oder Ziergarten – zu allen Zeiten wurde der Garten auf unterschiedlichste Weise vor Eindringlingen geschützt. Und dennoch hielten Wildtiere schon früh Einzug in unsere Gärten, ungeachtet von Flechtzaun, Lattenzaun, Jägerzaun, Natursteinmauer oder Gitter.

Um ihrer engen Bindung an unser »grünes Reich« Ausdruck zu verleihen, gab man einigen von ihnen »Gartennamen«. Auch wenn diese Tiere nicht einmal immer die häufigsten und regelmäßigsten Bewohner oder Besucher unseres Gartens

Links Der Gartenbaumläufer ist auf Baumstämmen unterwegs, aus denen er mit seinem Pinzettenschnabel Insekten zwischen der Borke herauszieht.

Mitte Gartenschnirkelschnecke. Bei ihr ist der Rand der Gehäuseöffnung weiß.

Rechts Gartenrotschwanzmännchen. Lichte Wälder und Gärten mit Obstbäumen sind sein Reich.

sind, rechnen wir sie doch schon fast zum festen »Inventar«. Immerhin drei Arten
aus der Familie der Singvögel hören auf einen »offiziellen« deutschen »Gartennamen«: der Gartenbaumläufer, die Gartengrasmücke und der Gartenrotschwanz.
Die Palette der kleinen »Gartentiere« reicht von der Gartenschnirkelschnecke
über die Gartenhummel, die Gartenkreuzspinne, den Gartenlaufkäfer und den
Gartenlaubkäfer bis hin zur Gartenameise. Darüber hinaus gibt es eine Vielzahl
von Insekten, die nach Kulturpflanzen benannt sind.

Selbst wo Steinplatten auf Gartenwegen und Terrassen nur schmale Lücken
lassen, setzt sich Leben durch. Der Ökologe Wolfgang Tischler nahm einmal die
Tierwelt zwischen und unter den Steinplatten seiner Hausterrasse unter die Lupe
und fand über 70 Arten wirbelloser Tiere: Regenwürmer, Schnecken, Spinnen,
Weberknechte, Asseln, Tausendfüßer und Insekten. Auch Erd-, Sandknoten- und
Grabwespen waren darunter.

Natur um uns

In unserer Zeit sind noch etliche Gartentypen neu hinzugekommen, z. B. Ziergär-
ten, Dach- und Wassergärten, die oft nach einem festen Plan angelegt werden. Aber
auch Naturgärten erfreuen sich großer Beliebtheit. Jahrtausendelang versuchte
man, die Wildnis aus dem Garten zu verbannen, im Naturgarten dagegen wird sie
zum bestimmenden Element.

Vorbild für Naturgärten sind die natürlichen Lebensgemeinschaften der Feucht-
gebiete, Waldränder, Hecken, Magerrasen oder Feldweiden mit ihrer Vielfalt und
Artenfülle. Zwar können Naturgärten intakte Landschaften nicht ersetzen. Doch wo
immer wir mehr Natur zulassen, stellen sie sich ein, die wilden Mitbewohner, die
mit ihrem Treiben jede Jahreszeit zu einem besonderen Erlebnis machen. Und auch
im Garten schläft die Natur nie: Einige der insgesamt 26 in Europa beheimateten

Insektenfresser-Arten – dazu zählen die Igel, Maulwürfe und Spitzmäuse – kommen auch in unseren Garten, etwa die Gartenspitzmaus. Sie gehört zu den Weißzahnspitzmäusen. Am Abend und in der Nacht geht sie auf Insektenjagd und im Winter sucht sie gerne in Gebäuden Unterschlupf. Wenn Muttertiere gestört werden, können sie mit ihrer reichen Kinderschar als »Karawane« flüchten. Die bis zu zehn Jungen verbeißen sich dann hintereinander jeweils in die Schwanzspitze des vorderen Tieres und gehen, mit der Mutter als »Lokomotive«, auf diese Weise nicht verloren.

Die Familie der Bilche ist in Europa mit insgesamt fünf Arten vertreten. Eine davon ist der Gartenschläfer. Mit seiner grau-weißen Gesichtsmaske würde er sehr auffallen, wenn er nicht nachtaktiv und zudem noch ein ausgesprochener Winterschläfer wäre. Manchmal nistet der Nager auch in Vogelnistkästen oder Zwischendecken von Gebäuden. Das laute Grunzen, Keckern und Pfeifen zur Paarungszeit ist dann nicht zu überhören.

Natur im Wandel

Aber auch wenn der morgendliche Blick aus unserem Fenster nur auf eine Hauswand fällt und weder Balkon noch Garten möglich sind oder mir einfach als Natur nicht mehr genug sind, bieten sich viele Möglichkeiten, Tiere zu beobachten, Pflanzen zu entdecken oder einfach nur Natur mit allen Sinnen zu genießen. Der nächste Park ist nicht weit, die nächste Wiese gut zu Fuß erreichbar, der Wald das lohnende Ziel eines Morgenspaziergangs oder ein Tümpel in nächster Nähe Mittelpunkt des Interesses für unsere Kinder. Und die Natur kommt uns entgegen: Gab es früher schon Wildschweine in der Stadt? Turmfalken über den Häuserschluchten, Taubenschwänzchen, die wie Kolibris um unsere Blumenkästen schwirren? Während heimische Arten mit ihren Vorstößen in unseren Siedlungsraum teilweise Ersatz für verlorenen Lebensraum in der freien Landschaft fanden, machen sich auch einige tierische Neubürger aus anderen Kontinenten bei uns breit. Der Waschbär (*Procyon lotor*) ist einer der erfolgreichsten Zuwanderer in Deutschland. Während Förster, Jäger und die Mehrzahl der Naturschützer die ungebremste Ausbreitung der Tiere mit großer Sorge betrachten, fand der putzige Kleinbär mit der »Panzerknackermaske« bei einigen von uns, vor allem bei vielen Kindern, durchaus auch Freunde.

Gehen wir mit diesem Buch auf Entdeckungstour und lernen die grüne Seite unseres Alltags besser kennen. Schauen wir genau hin, und finden wir unseren eigenen Zugang zur Natur. Machen wir uns bewusst, dass wir alle unseren Teil dazu beitragen können, sie zu schützen.

Die hübsche Wespenspinne ist von Süden her bei uns eingewandert.

Frühlingslicht

Der Winter war lang und kalt. Doch jetzt singen die Amseln morgens wieder, in der Luft riecht es anders, die Tage werden länger. Es ist soweit: Die Natur erwacht wieder aus ihrer langen Winterruhe. Blätter sprießen, Bäume, Büsche und Blumen erblühen, Vögel zwitschern, erste Insekten summen. Viele Menschen scheinen die sprichwörtlichen Frühlingsgefühle zu empfinden, und nicht nur Naturfreunde zieht es jetzt unaufhaltsam nach draußen. Auch die Tiere gehen nun verstärkt auf Brautschau und Männerfang.

Frühlingsgefühle

Von wegen »Eile mit Weile«

Tiere haben es mit dem Hochzeit halten sehr eilig. Sobald sie sich von der zehrenden Winterruhe, dem kargen winterlichen Nahrungsangebot oder dem strapaziösen Rückflug aus fernen Winterquartieren erholt haben und wieder zu Kräften gekommen sind, regt sich das, was wir romantisierend Liebe, die Biologen jedoch nüchtern Fortpflanzungstrieb nennen. Die Eile ist berechtigt, denn der Nachwuchs soll zu einer Zeit zur Welt kommen, zu der Nahrung im Überfluss vorhanden ist. Bis zum Herbst müssen die Jungen groß und kräftig genug sein, um ihren ersten Winter zu überstehen.

Grasfrösche wandern als Frühlaicher schon Anfang Februar zu ihren Laichgewässern.

Links Am Ziel: Erdkrötenpaar im Laichgewässer, das kleinere Männchen obenauf

Rechts Teichmolche (hier Weibchen) sieht man ab Februar/März in ihren Laichgewässern.

Frühlingsgefühle überkommen jetzt auch die »kühlen« Amphibien. Sobald es warm wird, verlassen Frösche, Kröten und Molche ihre Winterquartiere im nahen Wald oder unter Hecken und steuern ihre Laichgewässer an. Manche von ihnen haben auch direkt im Teichboden überwintert. Die regelmäßigen Besucher unserer Gartenteiche und Tümpel, Grasfrosch und Erdkröte, haben es am eiligsten. Während der Grasfrosch oft schon im Februar dort auftaucht, findet sich die Erdkröte zusammen mit Teich- und Bergmolch erst ab März ein. Die Hochzeiter stört es dabei wenig, wenn auf dem Teich noch hauchdünne Eisplättchen schwimmen. Auf ihrem Weg zum und im noch eiskalten, klaren Wasser lassen sich die einzelnen Amphibienarten jetzt gut beobachten.

Wildes Klammern – zurückhaltendes Schwänzeln

Bei den Erdkröten geht es jetzt hoch her. Sie machen sich zu ihren Laichgewässern auf. Unterwegs reagieren die Männchen auf das leiseste Rascheln im Laub und passen die größeren Weibchen ab. Auf ihnen reiten sie »Huckepack« zum Laichgewässer. Erreichen sie die Wasserstellen noch als »Single«, steigert sich ihr Klammertrieb sogar noch: Sie umklammern fast alles, was ihnen gerade in die Quere kommt – egal ob andere Amphibienarten, Fische oder schwimmende Kleinsäuger. Bei dem üblichen Männerüberschuss bilden sich manchmal ganze Knäuel von Erdkröten-Männchen um ein einziges Weibchen. Wenn sich die Richtigen gefunden haben, korrigiert das Erdkröten-Weibchen den »Sitz« seines Partners durch pumpende Flankenbewegungen. Um abzulaichen, macht das Weibchen

Bergmolch-Männchen als Hochzeiter : »fleckenfrei«
orangeroter Bauch

ein Hohlkreuz. Das ist das Signal für den Partner, sein Sperma abzugeben. Die Eier werden dann im Wasser befruchtet. Dagegen machen Molche in Stillgewässern ihren Weibchen eher zurückhaltend den Hof. Sie vollführen einen Hochzeitstanz und versuchen, die Weibchen durch ihre prächtige Körperfärbung und durch betörende Düfte zu beeindrucken. Das bis zu 9 cm große Bergmolch-Männchen ist zur Paarungszeit auf Rücken und Seiten intensiv blau gefärbt und seitlich stark gepunktet. Sein leuchtend orangeroter Bauch ist »fleckenfrei«, während der orangerote bis gelbe Bauch des etwas größeren Teichmolch-Männchens dunkle Flecken aufweist und sein Kopf gestreift ist. Auch trägt der Teichmolch-Mann zur Paarungszeit noch einen Rückenkamm und einen breiten Schwanzsaum, die sich beide ab 8° C Wassertemperatur entwickeln. Die Weibchen beider Arten sind insgesamt unscheinbarer gefärbt. Beim ähnlichen Paarungsspiel fächern die Molchmänner unter Wasser ihrer Umworbenen mit gebogenem Schwanz Duftstoffe zu, umlaufen sie erregt und setzen schließlich den Samenträger am Boden ab, der von ihr mit der Kloake aufgenommen wird. Die Weibchen setzen schließlich die befruchteten Eier einzeln an Wasserpflanzen ab.

Verführungskünstler

Bei der Balz bedienen sich Tiere aller nur erdenklichen »Tricks«. Die Partner finden sich durch Geruch, Gesang und Aussehen. Oder sie »verabreden« sich an bestimmten Treffpunkten, wie Erdkröten das beispielsweise tun. Sie wandern im Frühjahr immer zu dem Gewässer zurück, in dem sie zuvor als Kaulquappen geschlüpft sind. Frosch- und Heuschreckenmännchen geben lautstarke Solo- oder Orchesterkonzerte. Schmetterlingsweibchen verströmen betörende Duftstoffe, von denen sich Faltermänner von weit her magisch angezogen fühlen. Bei den Glühwürmchen ergreifen die Damen die Initiative: Sie blinken die Männchen an und hoffen so, von ihnen erhört zu werden. Allerdings werben Heuschrecken, Glühwürmchen und viele Falter erst im Sommer.

In unserem Garten und weiteren Wohnumfeld können wir besonders gut die Werberituale der Singvögel beobachten. Unermüdlich singen viele Vogelmännchen ihre typischen Lieder, um ihr Revier abzustecken, – womit sie die Nahrungsgrundlage für die Aufzucht ihrer Jungen sichern – und um Nebenbuhlern den Kampf anzusagen und natürlich um Weibchen anzulocken.

Rechts Kleiner Wasserfrosch. Er bläst fürs Froschkonzert die »Backen« (Schallblasen) auf.

Links Der Mönchsgrasmücken-Mann lockt mit seinem Gesang Weibchen an und zeigt den Rivalen gleichzeitig Grenzen auf.

Belastungstest

Sobald die Hausrotschwanz-Weibchen eintreffen, werden sie von den Reviermännchen heftigst verfolgt. Hierbei scheint es sich um einen doppelten Test zu handeln: Möglicherweise stellt das Männchen hier die Belastbarkeit des Weibchens auf die Probe; während das Weibchen herausfinden möchte, wie lange der potentielle Partner sein Revier verteidigen kann, obwohl er von ihr abgelenkt wird.

»Sie sind alt genug, alles miteinander zu teilen«:
Balzfütternde Rotkehlchen

Diamonds are a girls best friend

Nicht selten lassen sich Weibchen durch Brautgeschenke leichter überzeugen. Starenmänner überreichen ihrer Angebeteten im Schnabel kleine Blätter und Blüten. Bei Heuschrecken und Grillen macht es die Verpackung: Die Hülle des von ihnen überreichten Spermapakets ist essbar. Das Balzritual der Blaumeisen enthält schon Elemente der Jungenaufzucht, wobei das Weibchen ein um Futter bettelndes Jungtier mimt und vom Männchen gefüttert wird, was auch der energieaufwendigen Eierproduktion zugute kommt. Die Zaunkönigfrau lässt ihren Partner sogar mehrere »Häuser« (»Spielnester«) bauen, von denen sie sich dann das beste aussucht.

Diese Seite Sich bekriegende Stare. Wenn kein Rivale da ist, kann auch das eigene Spiegelbild Aggressionen auslösen.

Rechte Seite links Buntspechte trommeln auf Resonanzkörpern. Das können hohl klingende Stämme, aber auch Metallstäbe sein.

Rechte Seite rechts Kleinspechte. Unser kleinster Specht macht auf sich aufmerksam mit hell klingenden Trommelwirbeln.

Liebe und Hiebe

Vogelmänner können sich bei der Balz in ziemliche Aggression hineinsteigern. Ob Rotkehlchen, Kohlmeise, Krähe oder Amsel: Konkurrenten, die ihnen zu nahe kommen, beziehen nicht selten blutige Prügel. Dabei wird mancher Vogel zum »Spiegelfechter«. Wenn beispielsweise ein Krähenmann andauernd an unser Fenster oder unsere Windschutzscheibe klopft, möchte er nicht zu uns ins Zimmer oder ins Auto, sondern er bekämpft sein Spiegelbild, das er für einen konkurrierenden Artgenossen hält, den es zu vertreiben gilt.

Da dieser Konkurrent meist partout nicht weichen will, kann es in Ausnahmefällen zu leichten Verletzungen seitens des Vogels bzw. leichten Schäden seitens der Scheibe kommen.

Liebestrommel

Das Trommeln der Spechte ist fast jedem von uns vertraut. Anhand des Trommelns lässt sich erkennen, ob es sich beim jeweiligen Specht noch um einen »Single« auf Partnersuche oder bereits um einen »Verheirateten«(Verpaarten) handelt. Mit der »Hochzeit« lässt die Trommelfrequenz nämlich deutlich nach. Auch die einzelnen Spechtarten können nicht nur durch ihre Rufe, sondern auch durch ihren Trommelwirbel unterschieden werden. Von unseren drei häufigeren Buntspechtarten trommelt der Kleinspecht schneller und höher als der größere Buntspecht, während der Mittelspecht anstelle des Trommelns quäkend ruft.

Kleinspecht

Seine geringe Größe von nur ca. 15 cm Länge unterscheidet den Kleinspecht von allen anderen Spechten, so erreicht beispielsweise der Buntspecht eine Länge von 23 cm. Vor allem das Kleinspecht-Weibchen wirkt durch so gut wie kein Rot im Gefieder – im Gegensatz zu den anderen rot-weiß-schwarz gefärbten Spechten – eher schwarz-weiß. Das Männchen weist zumindest eine rote Kappe auf. Der Kleinspecht hält sich gerne auf den kleineren Ästen der Baumkronen auf. Sein Ruf ähnelt dem »kick« des Buntspechts, ist jedoch höher und schneller: ki-ki-ki-ki-ki-ki«. Sein Trommelwirbel ist im Vergleich zum Buntspecht zwar schwächer, jedoch anhaltender. Er brütet in Laub- und Laubmischwäldern, aber auch in Parks und Gärten und hackt seine Höhle in weiche modrige Baumstämme.

Natur entdecken
Elegante Jäger der Lüfte –
Schwalben und Mauersegler

Die Beziehungen der Schwalben und Mauersegler zu uns Menschen sind eng und
haben eine lange Geschichte. Rauchschwalbe und Mehlschwalbe haben als Kulturfolger bereits seit mehreren tausend Jahren die Nähe des Menschen gesucht und sich
in ihrem Verhalten angepasst. »Der Sommer kommt« – das bedeutet es für uns, wenn
sie aus ihren Winterquartieren in Afrika in unsere Breiten zurückkehren. Während
Rauchschwalben zwischen dem letzten Märzdrittel und Anfang April bei uns auftau-
chen, kommen Mehlschwalben etwa ein bis eineinhalb Wochen später. Anfang Mai
sind dann auch die Mauersegler eingetroffen. Dann können wir die eleganten Flieger
über unserem grünen Reich beobachten.

Auf Stippvisite

Verglichen mit anderen Insektenjägern, die ähnlich lange Wege in zentral- und süd-
afrikanische Winterquartiere zurücklegen, halten es Schwalben bei uns erstaunlich
lange aus. Rauchschwalben verweilen im Durchschnitt 23 Wochen, Mehlschwalben
mindestens 20 Wochen an ihren Brutplätzen. Viel kürzer sind dagegen die Gastspiele
der Mauersegler. Sie dauern nur 90–100 Tage. Da bleibt keine Zeit für eine aufwändige
Nistplatzsuche. Daher kehren sie nicht nur – wie die Schwalben – an ihren Geburtsort

zurück, sondern setzen sich sogar oft in das »gemachte Nest« vom Vorjahr. Mauersegler sind rastlose Flugkünstler. Sie halten sich, wenn sie nicht gerade brüten, vermutlich ohne Unterbrechung in der Luft auf und schlafen auch im Fliegen. Ihre ununterbrochenen schrillen Rufe gehören in unseren Städten einfach zum Sommer.

Baukunst aus Lehm oder Spucke

Die Wärme liebenden, sperlingsgroßen Rauchschwalben mit dem langen, tiefgegabelten Schwanz ziehen ihre Brut vor allem in Viehställen auf. Dort kleben sie ihre viertelkugeligen Lehmnester dicht unter die Stalldecken. Dafür fangen und verzehren sie unzählige Fliegen, Mücken und sonstige Plagegeister, die den anderen Stallbewohnern das Leben schwer machen. Die kleineren Mehlschwalben dagegen brüten in Kolonien, bevorzugt unter Vorsprüngen an den Außenwänden von Häusern. Ihre halbkugeligen Nester sind bis auf ein halbrundes Einflugloch geschlossen.

Der Mauersegler suchte sich seine Quartiere ursprünglich in den Löchern und Spalten von Klippen und Felswänden, seltener in Baumhöhlen. In unserer direkten Nachbarschaft findet er sie heute an und in Gebäuden, etwa in Mauerlöchern oder unter Dächern. Sein Nistplatz muss nur zwei Anforderungen erfüllen: Mindestens 7 m über dem Erdboden und mit freiem An- und Abflug. Das Nest besteht aus einer Ansammlung von Federn, Halmen und Blättern, die der Mauersegler allesamt im Flug erhascht und mit Speicheldrüsensekret zu einem flachen Napf verklebt.

Zum Verwechseln ähnlich und doch nicht verwandt

Auf den ersten Blick scheinen Schwalben und Mauersegler nahe verwandt zu sein: Beide sind auf den Insektenfang im Flug spezialisiert und haben dementsprechend die gleiche elegante, windschnittige Luftjäger-Form. Tatsächlich aber gehören sie ganz verschiedenen Vogelordnungen an. Während Schwalben zu den Singvögeln zählen, sind Mauersegler offenbar mit den Kolibris verwandt.

Links Zwei flügge junge Mauersegler im »Kinderbett«, dem kleinen Napfnest auf dem Dachboden im Traufbereich

Mitte Lehmpfützen sind »Baumaterialentnahmestellen« für Mehlschwalben.

Rechts Mehlschwalben bauen ihre Nester gerne unter Dachvorsprüngen.

Kindergärten überall

Im Frühling und Frühsommer kommt – im wahrsten Sinne des Wortes – neues Leben in unsere Gärten und Parks: Zahlreiche Tierkinder erblicken in diesen Monaten das Licht der Welt. Die Jungenaufzucht hält die Eltern mehr oder weniger auf Trab.

Je nach Art wird der Nachwuchs liebevoll umsorgt oder ist gleich völlig auf sich selbst gestellt. Während einige Kinderstuben kaum zu übersehen und noch weniger zu überhören sind, geht es in anderen vergleichsweise ruhig zu.

Kanadagans-Familienausflug auf einem Parkgewässer

Einfache Hütten und prachtvolle Bauten

Vogelembryos bedürfen der besonderen Pflege: Da sie sich außerhalb des mütterlichen Körpers – im Ei – entwickeln, müssen sie beschützt und gewärmt werden. Zu diesem Zweck bauen die meisten Vögel Nester. Die Kinderwiegen sind so verschieden wie ihre Erbauer. Ob aus menschlicher Sicht eher aufwändig, kunstvoll und ordentlich oder schlicht bis liederlich – seinen Zweck erfüllt ein solches Bauwerk allemal. Nistplatz, Nistmaterial und Bauweise lassen eindeutige Rückschlüsse auf den Urheber zu.

Amseln und ihre Drosselverwandtschaft errichten wohlgeformte Näpfe aus Gräsern, dünnem Reisig, Wurzeln, Moos, altem Laub und Flechten, ausgekleidet

Ein wohlgeformtes Amselnest mit »Inhalt«

Eichhörnchen bauen als Nester sogenannte Kobel in Baumkronen, nutzen aber auch Rabenvogelnester als »Nachmieter« oder Baumhöhlen.

mit einer Schicht aus Holz, Mull und Lehm. Amselnester findet man in Bäumen, Sträuchern oder an Gebäuden, hier z. B. in Nischen, auf Fenstersimsen, hinter Kletterpflanzen, aber auch in Holzstößen und offenen Gartenhäuschen, und zwar vorzugsweise in Bodennähe. Die Wacholderdrossel baut ihr Nest in Bäumen und Sträuchern und wagt sich dabei fast immer »höher hinaus«. Zudem brütet sie gerne in Kolonien. Immer sind die Drosselweibchen die alleinigen Baumeisterinnen.

Die höhlenbrütenden Blau- und Kohlmeisen bauen ihre Napfnester gerne in Nistkästen. Als Baumaterial verwenden sie Moos, Gras, Wolle, altes Laub, mischen es mit Dunen und Spinnweben und polstern das Nest mit Haaren, Pflanzenwolle und gelegentlich Federchen aus.

Zaunkönig

Der rostbraune Zaunkönig mit seinem kurzen, meist aufgestellten Schwanz ist mit 9,5 cm Länge nach dem Goldhähnchen der zweitkleinste Vogel Europas. Er hält sich gerne in Bodennähe in dichter Vegetation auf und liebt die Nähe zu Wasser. Er bewohnt sowohl Gärten und Parks als auch Wälder und fällt durch seinen lauten Gesang – ein geschmettertes »tjeck« oder tjett« – auf.

Sein Nestbau ist sehr aufwändig: Die kugelige Konstruktion hat einen seitlichen Eingang und wird gut getarnt in Höhlen, an Mauern, in Bäumen oder Böschungen angelegt. Die »Zaunkönigin« unterstützt ihren Partner nur beim »Innenausbau« des von ihr erwählten Nestes. Die Männchen kennen auch die Vielehe, helfen dann aber nur bei einer Brut. Obwohl reine Insekten- und Spinnenverzehrer, sind Zaunkönige auch im Winter bei uns.

Links Gut getarntes Zaunkönig-Nest Typ »Backofen« in Mauernische

Rechts oben Kohlmeisen beziehen zum Nisten Baumhöhlen oder Höhlenbrüter-Nistkästen.

Rechts unten Die Haselmaus nutzt Nistkästen oder baut ein Kugelnest im Gezweig.

Heimlich, still und leise

Die Kleinsäuger in Feld, Wald und Garten bleiben auch während der Jungenaufzucht ihrer heimlichen Lebensweise treu. Manche leben ohnehin mehr oder weniger unterirdisch in Gängen und Wohnbauen, wie Maulwurf und Feldmaus; Kaninchen dagegen legen eigens spezielle Wurfbaue an. Wieder andere nutzen fremde Tierbauten im Erdreich (z. B. Spitzmäuse), in Baumhöhlen oder Nistkästen (z. B. Gelbhalsmaus, Bilche, seltener Eichhörnchen) für ihre eigenen Zwecke. Freistehende Nester im Bewuchs bauen nur Zwergmaus, Haselmaus und Eichhörnchen.

Gehegt und gepflegt

Alle Säugetierweibchen kümmern sich aufopferungsvoll um ihre Kleinen. Bei Gefahr tragen viele ihre noch hilflosen Jungen aus dem Nest an einen sicheren Platz. Auch wenn Fledermausmütter vom Nestbau überhaupt nichts halten, gehören ihre Jungen zu den Bestbehüteten unter den Säugetieren. Im sicheren Wochenstubenquartier leben sie in engem Kontakt zu Gleichaltrigen. Jedes wird jedoch von der eigenen Mutter gesäugt und umsorgt.

Zahlreiche Insekten-, Amphibien- und Reptilienweibchen betreiben keine derart intensive Brutfürsorge. Ihre Jungen müssen von klein auf allein zurechtkommen. Allerdings wählen diese Mütter bei der Eiablage einen Platz, an dem es ihrem Nachwuchs an nichts mangelt.

Fledermausmütter umsorgen ihr Kleines intensiv.
Hier: Fransenfledermaus mit schon recht großem
Jungen auf dem Rücken

Muttergefühle – ein Insekt tanzt aus der Reihe

Eine für Insekten ungewöhnlich aufwendige Fürsorge lässt die Ohrwurmmutter ihrem Nachwuchs angedeihen. Zunächst gräbt sie im Herbst einen Nestbau mit zwei oder drei Kammern. In jeder herrscht ein etwas anderes Kleinklima. Alle Artgenossen werden daraus vertrieben, und vor der Eiablage auch das Männchen. In zwei Nächten legt sie dann ihre 50–70 durchsichtigen bis cremefarbenen Eier, die sie eines nach dem anderen vorsichtig aufnimmt und mit den Mundwerkzeugen sorgfältig reinigt. Diese Prozedur wiederholt sie bis zum Schlupf der Jungen mehrfach. Auf diese Weise wird das Gelege vor Pilz- und Milbenbefall geschützt und gleichzeitig feucht gehalten. Wie eine Löwenmutter verteidigt das Weibchen seinen Nachwuchs gegen alle Störenfriede, egal ob es sich dabei um kleine Pseudoskorpione oder große Maulwurfsgrillen handelt. Sollten die Eier dabei durcheinander geraten, trägt sie alle wieder zusammen und sortiert sie neu. Den gesamten Winter über zehrt die Ohrwurmmutter ausschließlich von Fettreserven, die sie sich zuvor angefressen hat.

Nach vier bis fünf Monaten, sobald die ersten Sonnenstrahlen im Frühjahr die Erde wieder erwärmen, regt sich Leben in den Ohrwurmeiern. Winzige braune Pünktchen sind erkennbar – die Augen und Mundwerkzeuge der Ohrwurmkinder. In den nächsten anderthalb Tagen schlüpfen die Kleinen aus ihren Eihüllen und werden von der Mutter gleich mit ausgewürgter Nahrung versorgt. Dabei hält sie ihren Nachwuchs geradezu zärtlich mit ihren Mundwerkzeugen fest. Die Jungtiere sind noch durchsichtig und nehmen nach jeder Fütterung die Farbe der Nahrung an, die die Ohrwurmmutter auf ihren nächtlichen Beutezügen gesammelt hat. Ungefähr zwei Wochen hat sie alle »Hände« voll damit zu tun, die etwa 50 hungrigen Mäuler zu stopfen.

Mit dem Ende des Frühlings ist für das Ohrwurmweibchen die Fortpflanzungszeit jedoch noch längst nicht zu Ende – sie kann noch zwei weitere Bruten produzieren. Dazu befruchtet sie die Eier mit den Spermien ihrer »Liebhaber«, die sie seit dem vergangenen Herbst in ihren Samentaschen speichert. Danach allerdings ist das Weibchen so ausgelaugt, dass es einen zweiten Winter nicht mehr erlebt. Ihre Stelle als fürsorgliche Mutter nehmen jetzt die erfolgreich großgezogenen und verpaarten Ohrwurmtöchter ein. Als Verzehrer von Blattläusen und anderen Pflanzenschädlingen zählen Ohrwürmer zu den Lieblingstieren der Ökogärtner, für die man schon mal Ohrwurmhäuschen als Luxusappartements aufhängt. Selbst wenn gelegentlich auch an zarten Pflänzchen und Früchten naschen. Und trotz Zwangsvorstellung vom Ohrwurm im eigenen Ohr.

Ohrwurm. Er kriecht weder in Ohren, noch kneift er uns mit den Zangenfortsätzen an seinem Hinterleib. Als Präzisionspinzetten dienen sie zum Festhalten der Beute, Fixieren der Partnerin sowie Entfalten der Flügel.

Natur entdecken
Besucher auf der Blumenwiese

Die ersten warmen Tage, die ersten Gänseblümchen, der erste Huflattich – der Frühling ist da. Nicht nur wir Menschen erfreuen uns an den bunten Blüten. Für viele Insekten ist eine blühende Wiese einfach ein Paradies. Löwenzahn, Hahnenfuß und Wiesenschaumkraut, dazu die Schlüsselblumen am Bach oder die ersten Margriten. Für jeden Geschmack ist etwas dabei – Gräser an denen sich später im Jahresverlauf Heuschrecken festhalten werden und mit ihrem Zirpen auch den Ohren melden, dass der Sommer Einzug gehalten hat. Blüten, in die Schmetterlinge ihre langen Saugrüssel versenken können, oder Dolden, auf denen es sich gut landen lässt. Auf den Sonnenplätzen der Wiesen ist einiges geboten. Hier herrscht ein reger Verkehr der verschiedensten Fluginsekten. Bienen und Hummeln, Schwebfliegen und Käfer sind auf der Suche nach Pollen und Nektar.

Gedeckte Tische in jeder Saison

Wenn im Garten die ersten Primeln blühen, erwachen die Zitronenfalter aus ihrer Winterstarre. Sie zählen neben Bienen und Wollschwebern zu den ersten Blütenbesuchern. Oft müssen sie viele Kilometer zurücklegen, ehe sie die nächste Nektarquelle erreichen

und dort neue Kräfte sammeln können. Auch die Kätzchen der Salweide sind eine der ersten Nektartankstellen. Sie spielen für Zitronenfalter, Großen und Kleinen Fuchs, Tagpfauenauge, C-Falter und Trauermantel sowie für einige Nachtschmetterlinge aus der Familie der Eulen eine wichtige Rolle. Bald darauf saugen auch die ersten Weißlinge am Kriechenden Günsel. Für Nachtfalter ist es erstmals im April/Mai interessant, wenn Obstbäume und Fliederstrauch in voller Blüte stehen.

Was im Garten als Unkraut verpönt ist – der Löwenzahn – hält in seinem Lebenslauf für die unterschiedlichsten Tiere Nahrung bereit: Seine gelben Blüten ziehen Bienen und Hummeln an, mit seinen Samen in den noch geschlossenen Fruchtständen verwöhnt der Grünfink seine hungrigen Nachkommen und im Herbst sind die Samen für Stieglitz und Bluthänfling eine willkommene Abwechslung auf dem Speiseplan. Oder die Brennnessel: Ihre Blätter sind nicht nur Leibgericht für die Raupen des Kleinen Fuchses, sie sind tatsächlich deren einzige Nahrung. Fataler Schluss: Ohne Brennnesseln gäbe es keine Kleinen Füchse mehr. Und auch andere Pflanzen sind zwar den Menschen nicht willkommen, stellen aber eine unverzichtbare Nahrungsquelle für Schmetterlinge oder ihre Raupen dar. Oder für Schwebfliegen, die zur biologischen Bekämpfung von Schädlingen einen unschätzbaren Beitrag leisten aber ganz besonders gerne an Giersch oder Geißfuß zu finden sind – einem Doldengewächs, das an Waldrändern wächst, das aber Gärtner auf keinen Fall in der Nähe ihres Gartenreiches wissen möchten.

Sängerkriege

Links oben Zaunkönig-Männchen. Ein kleiner, aber besonders lauter Sänger

Links unten Bereits im Vorfrühling beginnt das Kohlmeisenmännchen mit seinem zwei- bis dreisilbigen »zizibäh-zizibäh...«-Gesang.

Rechts Der Reviergesang des Rotkehlchens ist melancholisch flötend.

Wenn die Zugvögel aus ihren Winterquartieren zurückkehren, steht der Frühling vor der Tür. Bis Anfang Mai sind alle Brutvögel bei uns eingetroffen. Jetzt ist das Vogelkonzert am abwechslungsreichsten. Um Vogelstimmen kennenzulernen, müssen wir früh aufstehen. Wir können uns aber auch mittels CDs in die Vogelstimmen einhören. Kohlmeisenmännchen leiten ihren Werbe- und Reviergesang sehr früh im Jahr ein. Schon an sonnigen Januar- und Februartagen bringen die gelbbäuchigen Sänger ihr »Zi-zi-däh« zu Gehör. Kurze Zeit später können wir – noch vor Sonnenaufgang – das flötende Lied der Amselhähne hören. Aus feuchten, verwilderten Grundstücken lassen Nachtigallen fast zu jeder Tages- und Nachtzeit ihren schönen Gesang erschallen. Nachts locken die Männchen so die nachziehenden, etwas später in den Brutgebieten eintreffenden Weibchen an. In den frühen Morgenstunden der ersten Maihälfte, dann, wenn die Revierinhaber gleichzeitig tirilieren, ist »Sängerkrieg« der Meistersinger angesagt.

Sängerwettstreit

Hausrotschwanzmännchen beginnen mit gepressten, kratzigen Tönen ihren Gesang.

Auch Hausrotschwanz-Männer sind leidenschaftliche Sänger. Der Schweizer Zoologe Martin Weggier schaute ihnen im Rahmen seiner Doktorarbeit besonders genau auf den Schnabel: Pro Minute zählte er immerhin 8–11 Strophen. Und da Hausrotschwänze ohne große Unterbrechung von 5 Uhr morgens bis 19 Uhr abends singen, kommt ein Revierinhaber ohne weiteres auf stolze 6000 Strophen am Tag! Hausrotschwänze können dem Gesang nur deshalb so ausgiebig frönen, weil ihre übrigen Aktivitäten sie nur wenig Zeit kosten. Ihre Reviere sind nämlich sehr klein. Sie erstrecken sich höchstens in einem Umkreis von 100 m um ihre zentrale Singwarte. Hausrotschwänze müssen also keine weiten Strecken zurücklegen. Ihre Nahrungssuche und die Verfolgung der Weibchen dauern nicht länger als 1–3 Minuten.

Natur entdecken
Die Schmetterlingsmetamorphose

Schmetterlinge – die bunten Gaukler – haben Dichter und Denker seit jeher durch ihre bezaubernde Schönheit inspiriert. Der Schriftsteller Hermann Hesse bekannte seine Hingezogenheit »zu Schmetterlingen und anderen flüchtigen und vergänglichen Schönheiten« und machte sie in seinem Gedicht »Blauer Schmetterling« unsterblich.

Wesen mit zwei Seelen

Die Worte Buddhas hingegen »Esset und trinket und befriedigt eure Lebensbedürfnisse wie der Schmetterling, der nur von Blumen nascht, aber weder ihren Duft raubt, noch ihr Gewebe zerstört« lassen einen wesentlichen Aspekt des Falterdaseins außer acht: Der zarte Schuppenflügler geht in seiner Metamorphose aus einer äußerst gefräßigen Raupe hervor, sodass man beinahe von einem Wesen mit zwei Seelen sprechen mag.

Abgesehen vom mythologischen Wert des Begriffs, versteht man in der Zoologie unter Metamorphose die Entwicklung eines Tieres über ein oder mehrere Larvenstadien. Die Larve des Schmetterlings wird Raupe genannt.

Oben Kleiner Fuchs an Brennnessel, dem Eiablageplatz

Unten Die Eier werden an der Unterseite der Brennnesselblätter in Paketen abgelegt.

Wie Phönix aus der Asche

Wie vollzieht sich nun diese Entwicklung vom Ei über die Raupe und die Puppe bis hin zum neuen Schmetterling? Nachdem das Falter-Weibchen das Männchen mit Hilfe von Sexualduftstoffen (Pheromonen) angelockt hat und die Begattung stattfand, legt das Weibchen die Eier an der jeweiligen Futterpflanze der Raupen ab. Das Ei ist das erste Entwicklungsstadium im Leben eines Schmetterlings; in ihm entwickelt sich die Raupe. Hat sich diese fertig entwickelt, beißt sie die Eischale auf und schlüpft. Der Lebensinhalt der Raupe besteht ausschließlich aus Fressen und Wachsen; so sammelt sie die nötigen Baustoffe für den Falter, der später aus ihr entstehen soll. Mit ihren kräftigen Kiefern nagt sie an verschiedenen Teilen ihrer Futterpflanze. Diese kleine Raupe Nimmersatt wächst so schnell, dass sie während ihrer Entwicklung mehrfach »aus allen Nähten platzt« und sich häuten muss. Die meisten Raupen sind nach wenigen Wochen Fresszeit ausgewachsen, manche überwintern jedoch auch und fressen im Frühjahr weiter. Die häufig extravaganten und bunten Färbungen und Zeichnungen der unterschiedlichen Raupen dienen übrigens der Tarnung, Täuschung und Verteidigung.

Ist die Raupe ausgewachsen sucht sie sich einen geeigneten Ort zur Verpuppung – häufig an Brennnesselstängeln – wo im Zuge der letzten Häutung die Verwandlung zur Puppe stattfindet. Hierzu befestigt die Raupe ihr Hinterleibsende mit einem Gespinstpolster an der Unterlage. Die fertigen Puppen hängen dann kopfüber und frei an der Pflanze.

Während der sogenannten »Puppenruhe« erfolgt im Innern nun die Metamorphose zum Schmetterling. Ist die Umwandlung vollzogen, platzt die Puppenhülle auf und der Falter kriecht – noch mit feuchten, zusammengefalteten Flügeln – wie Phönix aus der Asche in die Freiheit. Die Flügel trocknen und entfalten sich und der Falter startet zu seinem ersten Flug.

Kleine Raupen Nimmersatt

Schmetterlingsraupen sind an ganz bestimmte, jeweils arttypische Futterpflanzen gebunden. So ist etwa der aus Südeuropa stammende Schmetterlingsflieder für die Fortpflanzung der Falter wertlos. Er lockt zwar zahllose ausgewachsene Falter auf der Suche nach Nektar in den Garten, keiner von ihnen legt jedoch an diesem Strauch seine Eier ab. Fremdländische Pflanzen können für heimische Schmetterlinge mitunter sogar fatale Folgen haben. So legen die Weibchen des Kleinen Schillerfalters ihre Eier an den bei uns beliebten Hybrid-Pappeln ab, ohne zu erkennen, dass es sich um eine fremde Pappelart handelt. Die jungen Raupen können die dickeren Blätter der Hybridart mit ihren zarten Mundwerkzeugen jedoch nicht durchbeißen und müssen verhungern.

Links Die Raupen ernähren sich von den Brennnesselblättern.

Mitte In der Stürzpuppe, die am Brennnessel-stängel befestigt ist, vollzieht sich die wundersame Verwandlung.

Rechts »Geburt« eines Kleinen Fuchses, der sich gerade aus seiner engen Puppenhülle zwängt.

Natur erleben
Ein Garten für Tiere

Wenn wir möglichst viele Tierarten in unserem Garten als Dauergäste oder Besucher erleben wollen, sollten sich die Gegenspieler die Waage halten, um eine massenhafte Ausbreitung einer einzelnen Art zu verhindern. So werden beispielsweise Blattläuse von Marienkäfern, Raupen von Vögeln oder Schlupfwespen und Nacktschnecken von Igeln oder Kröten gefressen. Wichtig ist zudem, dass wir einheimische Wildpflanzenarten oder alte Kultursorten anpflanzen. Als Sträucher eignen sich Pfaffenhütchen, Hasel oder Holunder, Schlehe, Sanddorn oder Hundsrose bevorzugen eher magere, trockene Böden und sonnige Standorte, Berberitze und Liguster dagegen nahrhafte, feuchte Böden und Halbschatten. Auch bei Obstbäumen und Beerensträuchern sollten möglichst regionaltypische Sorten angepflanzt werden, die sich über viele Jahrzehnte und Jahrhunderte den speziellen Standortbedingungen angepasst haben.

Der aus Südeuropa stammende Schmetterlingsflieder lockt Tag- und Nachtfalter als Nektarquelle von weit her und in Scharen an. Hier: Kleine Füchse

Hausgarten und Blumenkästen vor den Fenstern als »Blüteninseln« für Insekten und Fledermäuse in ihrem Gefolge

Verlockende Angebote

Am einfachsten können wir unseren Garten in eine »Blüteninsel« verwandeln. Blütenreiche Staudenbeete sind Nahrungs- und Lebensraum für zahlreiche Tierarten wie beispielsweise Hummeln, Schmetterlinge oder Käfer. Der Blütentyp »Trichter- oder Stieltellerblume« kommt den Naschbedürfnissen der Schmetterlinge sehr entgegen. Tagfalter sprechen besonders auf rote Farbtöne an, Nachtfalter dagegen auf stark duftende Blüten in weißen, gelben und blass purpurnen Tönen, die das UV-Licht kräftig reflektieren. Sommerblüten locken schließlich die meisten Schmetterlingsarten an. Wenn dann im Herbst Studentenblumen und Astern blühen, besuchen meistens nur noch wenige Falter wie Kleiner Fuchs, Tagpfauenauge, Admiral und Gamma-Eule unseren Garten. Schließlich verschwinden auch sie, um in ihre Winterquartiere aufzubrechen.

Welche Wohnlage darf es sein?

Kleinstrukturen bereichern den naturnahen Garten als Lebensraum für Tiere und Pflanzen, bieten uns zusätzliche Beobachtungserlebnisse und eignen sich hervorragend zur Gliederung und Gestaltung des Gartens. So sind beispielsweise Steinhaufen wertvolle Lebensräume für Flechten und Moose, aus den Nischen und Spalten wachsen Gräser. Auf den Steinen sonnen sich Insekten und Eidechsen, die Nischen können Unterschlupf für Mäuse, Erdkröten, Mauerbienen und Ameisen bieten.

Links Ein Star verlässt das Nest, um Kotbällchen seiner Jungen zu entsorgen.

Rechts Rotschwänzchen-Weibchen beim Füttern. Als Nestunterlage für den Nischen- und Halbhöhlenbrüter dient hier ein Rauschwalben-Kunstnest.

Kompost-, Laub-, Asthaufen sowie Wurzelstöcke bieten Lebensraum und Quartier für Pilze, Säugetiere, Schnecken, Amphibien oder Insekten. Im Laub- und Asthaufen findet beispielsweise der Igel ein Winterquartier.

In unaufgeräumten Ecken, wo es niemanden stört, können Brombeeren und Brennnesseln einen wertvollen Lebensraum für Insekten bilden. Brombeeren ernähren eine Vielzahl von Nachtfalterraupen und dienen mit ihren hohlen Stängeln als Brutkammer und Winterquartier für viele Insekten. Auf der Brennnessel leben die Raupen farbenprächtiger Schmetterlinge. Gehwegplatten mit ihren Fugen bieten Lebensraum für Ruderalarten. Trockenmauern mit großen Fugen und Spalten sind Kleinbiotope für Hummeln, Reptilien und Mauervegetation.

Wasserplätze, ob Teich oder Vogeltränke, je nach Platzangebot, bieten ebenfalls zahlreichen Tier- und Pflanzenarten einen Lebens- und Nahrungsraum.

Ein mit Wasser gefüllter Blumentopf-Untersetzer dient als Badewanne für einen Grünfink

Das Wohnungsangebot verbessern

Mit Nisthilfen erleichtern wir die Ansiedlung von zahlreichen Tierarten. So können Holzklötze oder -scheiben mit unterschiedlich großen und tiefen Löchern, an sonnigen Plätzen aufgestellt, Nisthilfe für Bienen- und Wespenarten sein, die wiederum wichtige Bestäubungsarbeit im Garten leisten. Einen Unterschlupf für Kleinsäuger baut man im Schutz von Sträuchern aus alten Stämmen, Brettern und Reisig. Das Material wird auf einer Grundfläche von 2 x 3 m locker gestapelt, so dass Hohlräume dazwischen entstehen. Ein Sockel aus Steinen verhindert, dass das Holz Feuchtigkeit zieht und zu schnell verrottet. Eine Abdeckung aus Dachpappe hält den Regen ab. Als Nisthilfen für Wildbienen eignen sich Hohlziegel oder gebündelte Schilfhalme, die man in eine Blechdose hineinsteckt. Auch Holzklötze, in die man Gänge von 2–10 mm Durchmesser bohrt, sind gute Nisthilfen. Sie sollten sonnig und regengeschützt stehen oder hängen.

Steinkäuze vor ihrer Spezial-Niströhre, die fachge-
recht auf den waagrechten Ast eines Apfelbaumes in
einer Streuobstwiese montiert wurde.

Auch Erdhummeln kann man leicht im Garten ansiedeln. Dazu gräbt man einen großen
tönernen Blumentopf – zur Hälfte mit trockenen Moosresten, Gras oder Polsterwolle
auf Torfmull oder Kleintierstreu gefüllt – umgekehrt in die Erde ein. Zum Schutz vor
Regen stellt man einen zweiten Blumentopf über den ersten, verschließt das Loch in
dessen Boden mit einem kleinen Stein und bricht seitlich ein Stück heraus, durch das
die Erdhummel ein- und ausfliegen kann. Anstelle des Blumentopfes kann man auch
einen »aufgebockten« flachen Stein oder einen Dachziegel verwenden.

Ein Heim für Vögel

Künstliche Nester für Mehlschwalben können außen am Haus angebracht werden,
möglichst neben einem natürlichen Nest (Koloniebrüter). Ein Kotbrett, 50 cm unterhalb
der Nester montiert, hilft, die Hauswand sauber zu halten. Nistkästen für Höhlenbrüter – Meisen, Kleiber, Haussperling, Gartenrotschwanz und Star, Hausrotschwanz,
Bachstelze, Grauschnäpper und Rotkehlchen – sollten an der wetterabgewandten Seite

der Bäume befestigt werden. Das Einflugloch der Höhlenbrüterkästen sollte nach Süd-osten zeigen. Nistkästen für Höhlenbrüter – Meisen, Kleiber, Haussperling, Gartenrot-schwanz und Star – sollten an der wetterabgewandten Seite der Bäume befestigt wer-den. Nistkästen für Halbhöhlen- und Nischenbrüter wie Hausrotschwanz, Bachstelze, Grauschnäpper, Rotkehlchen und Zaunkönig können an geschützten Hauswänden oder in Mauerlücken platziert werden. Im August/September müssen die Nistkästen gereinigt werden.

Um Jungvögel vor Katzen, Mardern, Bilchen und Eichhörnchen zu schützen, eignen sich um den Baumstamm gelegte, hohe Blechmanschetten. Sie sind so glatt, dass die Nesträuber keinen Halt finden und daran abrutschen. Auch ein dichter Gürtel aus dor-nigen Zweigen garantiert für die Sicherheit der Jungvögel. Freibrüter legen ihre Nester am Boden, in Sträuchern oder auch frei auf Bäumen an. Durch einen simplen Trick kann man für diese Vögel eine ideale Nistgelegenheit schaffen: Man bindet einfach einige Äste eines Strauches zusammen – fertig ist die Nisttasche.

Links Feldsperling-Paar an seinem Höhlenbrüter-Nistkasten

Rechts oben Ein Hausrotschwanz-Männchen bringt Futter für die Jungen in der Halbhöhle.

Rechts unten Nobelhotel für Wildbienen und Co.

Sommersonne

Das Leben in der Natur hat sich jetzt in seiner ganzen Pracht entfaltet. Alles grünt und blüht. Manchmal stöhnen wir über die Hitze, doch das Licht eines langen Tages, die prickelnde Frische eines Sommermorgens und die lauen Sommerabende füllen unsere Speicher für die unwirtlicheren Jahreszeiten. Wir treffen uns auf Gartenpartys, Grillabenden oder im Biergarten. Tierbeobachtungen jeder Art haben jetzt Hochsaison.

Hitzefrei – Von Sonnen- und Schattenseiten

Hecheln und Schwitzen

Nicht selten sieht man an heißen Tagen eine Amsel, die sich gerade auf dem Gartenweg duckt, Flügel und Schwanz fächerförmig ausbreitet und den Kopf genüsslich in die Sonne streckt. Dabei hechelt sie mit geöffnetem Schnabel.

Wenn es uns Säugetieren zu heiß wird, fangen wir bald an zu schwitzen. Wir regulieren unsere Körpertemperatur mit Hilfe der dabei entstehenden Verdunstungskälte. Vögel dagegen besitzen keine Schweißdrüsen in der Haut. Ihre wirkungsvolle Methode zur Wärmeabgabe heißt Hecheln – eine Verhaltensweise, die viele Gefiederte schon gleich nach dem Schlupf beherrschen. Zusätzlich können Vögel gegen Hitzeeinwirkung ihre Körpertemperatur noch um ca. 2 °C erhöhen. Gerne nehmen sie dieses »Fieber« in Kauf, denn dadurch wird das Temperaturgefälle nach außen verstärkt und der Wärmeabfluss letztlich begünstigt. Sie kühlen also paradoxerweise, indem sie heizen.

Amselhahn beim Sonnenbad. Hechelnd und mit gespreiztem Gefieder

Sonnenanbeter

Die wechselwarmen Amphibien und Reptilien »erstarren«, wenn die Außentemperatur unter bestimmte Werte sinkt. Sie können sich vor Beutegreifern nur schützen, indem sie sich verstecken und auf besseres Wetter hoffen. Trotzdem gehen natürlich auch bei den einzelnen Amphibien- und Reptilienarten die Wärmeansprüche weit auseinander. Im Garten können wir nahe Verwandte mit ganz verschiedenen Vorlieben erleben. Zauneidechsen sind ausgesprochene »Sonnenkinder«, Blindschleichen mögen es eher etwas feuchter und kühler. Erst im Frühling, wenn die Sonne wieder Wärme spendet, kriechen die rund 20 cm langen Zauneidechsen aus ihren Winterverstecken – unter Steinhaufen oder in Erdlöchern – hervor. Männchen wie Weibchen sind auf der Oberseite vorwiegend grau bis braun gefärbt. Die Rückenmitte ziert ein breites braunes Band mit hellen Flecken. Zunächst noch schwerfällig, suchen die Echsen sonnige Plätze auf Wurzelstöcken oder Steinen auf. Sobald sie sich auf sonnigen Steinen aufgewärmt haben, kommen sie richtig in Schwung. Behände jagen sie verschiedensten Insekten, besonders Fliegen und Heuschrecken-, Spinnen, Tausendfüßern, Asseln und Würmern nach. Liegt die Lufttemperatur unter 30° C, müssen Zauneidechsen zum Wärmetanken regelmäßig sonnenbaden. Aus Sicherheitsgründen wählen die Tiere ihre bevorzugten Sonnenplätze in der Nähe guter Verstecke.

Ein Schattendasein

Im Gegenzug dazu meidet die Blindschleiche starke direkte Sonneneinstrahlung und hält sich mit Vorliebe im Schatten auf. Sie mag es eher etwas feuchter und kühler. Die Blindschleiche ist keine Schlange, sondern mit den Eidechsen verwandt.

Reste von Schulter- und Beckengürtel zeugen noch von ehemaliger Vierfüßigkeit. Auch kann sie, wie ihre nähere Verwandtschaft, die Augen öffnen und schließen. Blindschleichen verfügen weder über den starren Schlangenblick noch schlängeln sie sich elegant durch ihr Reich. Ihr wissenschaftlicher Name *Anguis fragilis* bedeutet »zerbrechliche Schleiche« und spielt auf eine Fähigkeit an, die sie mit der Eidechsen-Verwandtschaft teilt. Beim Zugriff eines Räubers lässt die Blindschleiche einfach ihren zappelnden Schwanz als Ablenkungsmanöver zurück und kann sich in der so gewonnenen Zeit vor dem verblüfften Verfolger in Sicherheit bringen. Blind ist sie keineswegs, diese blendende Schleiche deren althochdeutscher Name Plintschlicho »blendende Schleiche« auf ihre wunderschön glänzende, bleigrau-, kupfer- oder bronzefarbene Haut anspielt

Oben Nach der Häutung im April/Mai präsentieren sich Zauneidechsen-Männchen im auffällig grünen Hochzeitsschuppenkleid.

Unten Blindschleiche. Die beinlose Eidechsenverwandte glänzt und kann im Gegensatz zu Schlangen blinzeln.

Feuchtgebiete – Weiher, Teich und Tümpel

Wer keinen Gartenteich sein Eigen nennt, den laden naturnahe Weiher, Tümpel und Teiche das ganze Jahr über zum Beobachten, Erleben und Staunen ein. Da es sich hierbei um flache Gewässer handelt, werden sie komplett von Licht durchdrungen, was zu einer reichen Flora und Fauna führt.

Oh Wasserjungfer mein

Bei den bunt schillernden Libellen, die wie »Minihubschrauber« anmuten, unterscheidet man zwischen Kleinlibellen (*Zygoptera*, »Wasserjungfern«) mit gleichartigen Flügelpaaren und Großlibellen (*Anisoptera*) mit breiteren Hinterflügeln. Libellen fliegen etwa von Mitte April bis Ende Oktober; einige Arten fliegen den ganzen Sommer, viele jedoch nur wenige Wochen. Alle einheimischen Libellen (ca. 80) gehören zu den besonders geschützten Tierarten. Bis heute hält sich das Gerücht, Libellen könnten stechen, dabei sind sie vollkommen harmlos. Der vermeintliche Stachel ist nichts anderes als der Legebohrer des Weibchens. Doch auch ohne »Stachel« sind sie erfolgreiche Jäger. Mit ihren Komplexaugen (bis zu 30 000 Einzelaugen) erspähen die »Beutegreifer« kleinere Insekten im Flug und packen dann blitzschnell mit den Beinen zu. Auch sitzende Insekten oder Spinnen fallen ihnen zum Opfer und selbst vor Kannibalismus schrecken sie mitunter nicht zurück.

Links Hufeisen-Azurjungfer. Eine der häufigsten einheimischen Libellenarten.

Rechts Pflanzenreiche Kleingewässer sind ideale Libellen-Lebensräume.

Wasserläufer

Diese langbeinigen Insekten vollbringen ein wahres Wunder: Sie können über das Wasser gehen. Aber nicht Zauberei, sondern vielmehr ein physikalischer Trick liegt diesem Kunststück zugrunde. Die Tiere nutzen die Oberflächenspannung des Wassers aus. Damit sie nicht untergehen, fetten sie ihre Beine mit einem wasserabweisenden Sekret ein. Die zu den Wasserwanzen zählenden Gemeinen Wasserläufer, im Volksmund auch Schneider genannt, bewegen sich sehr schnell auf dem Wasser vorwärts. Sie erbeuten kleine, hineingefallene Insekten, halten sie mit den zu Fangbeinen umgestalteten kurzen Vorderbeinen fest und saugen sie aus. Teichläufer dagegen sind eher träge. Sie besitzen auch keinen speziellen Fangapparat, sondern spießen Wasserflöhe, Mückenlarven oder ertrunkene Insekten mit ihrem Rüssel auf. Ihre Eier kleben sie an die Unterseite von Wasserpflanzen.

Oben links Die Große Königslibelle ist mit 10 cm Flügelspannweite unsere größte Libellenart.

Oben rechts Die Gemeine Keiljungfer hat ihren Namen vom keilförmig erweiterten Hinterleib.

Unten Ein Teichläufer kann nicht aus Zauberei, sondern aus physikalischen Gründen auf dem Wasser wandeln ohne unter zu gehen.

Der »gelbe Hai«

Einer der gefräßigsten Teichräuber ist der Gelbrandkäfer. Mit großem Geschick jagt der gut 3 cm große Schwimmkäfer kleine Wassertiere aller Art, selbst kleine Fische. Die langen, breiten Hinterbeine nutzt er als Ruder. Der Gelbrandkäfer fällt vor allem dann auf, wenn er hin und wieder an die Wasseroberfläche kommt und sein Hinterende herausstreckt, um seine Atmungsorgane (Tracheen) mit Luft zu füllen. Zusätzlichen Luftvorrat nimmt er unter seinen Deckflügeln mit. An Gefräßigkeit noch übertroffen wird der Gelbrandkäfer von seiner Brut. Die Larven packen ihre Beutetiere mit ihren scharfen Kiefern, injizieren ihnen Verdauungsenzyme und saugen sie aus.

Schneckenpost

Die schön gedrehten, tellerförmigen Posthornschnecken weiden unter Wasser gemächlich Algen und faulende Pflanzenteile ab. Obwohl sie über Lungen atmen, kommen sie nur selten an die Wasseroberfläche, um Luft zu holen. Sie können nämlich Sauerstoff nicht nur aus der Luft, sondern über die Haut auch aus dem umgebenden Wasser aufnehmen. Übrigens sind Posthornschnecken die einzigen einheimischen Schnecken, deren Blut – wie das des Menschen – durch den Blutfarbstoff Hämoglobin rot gefärbt ist.

Stechmücke

Alle Jahre wieder, wenn wir im Hochsommer die Fenster öffnen, suchen uns die Stechmücken heim. Diese entwickeln sich zwar im Wasser, allerdings nicht vorrangig in Tümpeln und Teichen, wo genügend natürliche Feinde die Larven dezimieren. Den eigentlichen Schnakenpfuhl stellen vielmehr Regentonnen oder Wassereimer dar. Sowohl die Larve als auch die spätere Puppe hängt kopfüber in Schräglage unterhalb der Wasseroberfläche. Nur eine Art Atemrohr wird zum Luftholen aus dem Wasser gestreckt. Werden die Larven oder Puppen erschreckt, tauchen sie ab Richtung Boden. Bis zum Herbst können sich mehrere Stechmücken-Generationen entwickeln. Blutrünstig sind übrigens nur die weiblichen Stechmücken, die das Blut zur Reifung ihrer Eier benötigen. Beim Stechen injizieren sie Speichel in die Wunde, der zum einen die Blutgerinnung verhindert und so die Blutaufnahme erleichtert, zum anderen aber auch für den unangenehmen Juckreiz verantwortlich ist.

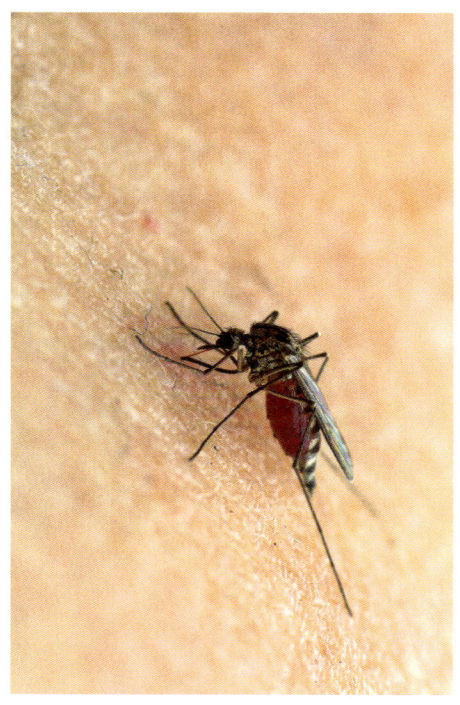

Froschkönig

Im Gegensatz zu ihren Verwandten, den Wasserfröschen, brauchen die braun in braun gefleckten, bis zu 10 cm langen Grasfrösche Teiche nur als Winterquartier oder Kinderstube. Als Überlebenskünstler unter den einheimischen Amphibien ist der Grasfrosch vom Tiefland bis ins Hochgebirge verbreitet. Während die Männchen im Flachwasser sitzen oder auf der Wasseroberfläche liegen, lassen sie ihre knurrenden Paarungsrufe gerne im Chor erklingen. Vor allem um die Mittagszeit und in der Dämmerung geben sie ihre Froschkonzerte. Nach dem Laichgeschäft entfernen sich Grasfrösche zur Nahrungssuche oft weit vom Wasser. Auf ihrer Jagd nach Insekten, Spinnen, Landschnecken oder Asseln springen sie uns im Garten vor die Füße. Die geschlüpften Froschlarven, die Kaulquappen, ernähren sich vor allem von Algen, werden aber bei Überbevölkerung im Laichgewässer auch zu Kannibalen. Im Kampf um die Nahrung verspeisen sie nicht nur Laich und frisch geschlüpfte Larven der Verwandtschaft, sondern auch Spätentwickler der eigenen Art.

Links Kletterkünstler Laubfrosch

Rechts Der Teichfrosch, eine Mischform zwischen Seefrosch und Kleinem Wasserfrosch, gehört zu den Grünfröschen.

Häufigster Molch ist der in seinen Lebensraumbedürfnissen wenig anspruchs-volle, über ganz Mitteleuropa verbreitete und zudem noch recht wanderfreudige Teichmolch. Als Wasser- und Hochzeitstracht tragen Teichmolche Schwimmhäu-te. Die Teichmolchmännchen tragen einen gewellten, gezackten oder glattrandi-gen Rückenkamm ohne Einkerbung im Schwanzwurzelbereich, wie es für den Kammmolch typisch ist. Bauchseitig sind Teichmolche gelblich oder gelborange (Weibchen) bis intensiv orangerot (Männchen) gefärbt. Die schwarzen Flecken auf der Unterseite unterscheiden sie neben anderen Merkmalen vom Bergmolch. Anfang Februar wandern die unter Steinen, morschem Holz, oder im Teichbo-den überwinternden Tiere zum Laichgewässer und heften ihre Eier an die Blätter von Wasserpflanzen. Auf dem Speiseplan der Molche stehen bevorzugt winzige Krebstierchen. Da Molche keine Konzerte geben, sind sie auch an Gartenteichen willkommene Gäste und haben von ihren menschlichen Nachbarn – im Gegensatz zum Kollegen Frosch – keine Anfeindungen zu befürchten. Froschkonzerte in ländlicher Umgebung sind übrigens als »ortsüblich« zu dulden.

Teichmolch-Männchen in der Hochzeiter-Tracht

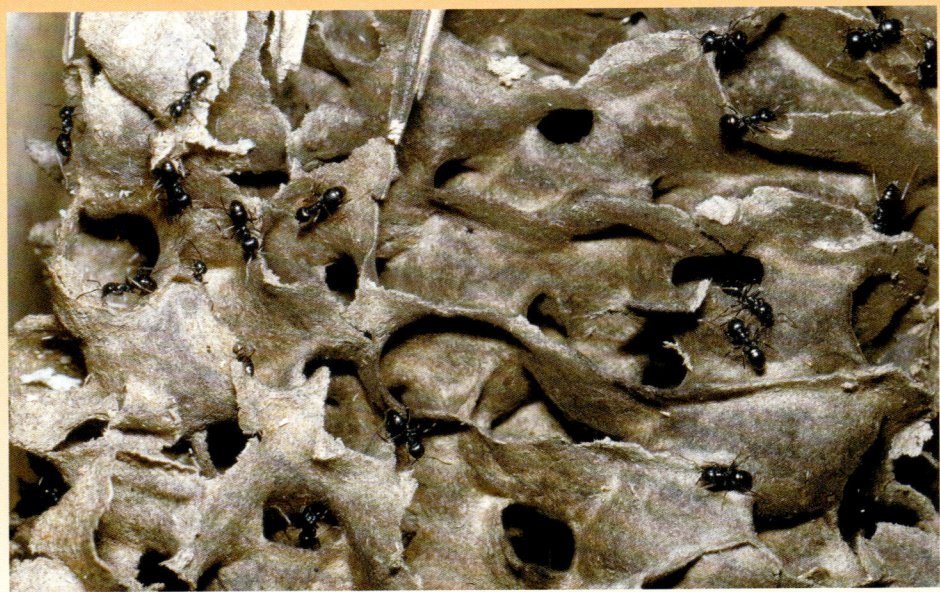

Links Rotbärtige Sklavenameisen beim »Melken« ihrer Blattlaus-»Kühe«

Rechts Im Bau der Schwarzen Waldameise

Natur entdecken
Ameisenstaat

Alles eine Frage der Organisation

Die Insekten um uns sind ganz unterschiedlich organisiert: Viele gründen Familien, andere führen ein Einsiedlerdasein und manche leben in Staaten und werden von Königinnen regiert. Wenn wir an Staaten bildende Insekten denken, fallen uns in erster Linie die Bienen und Ameisen ein. Ameisenstaaten sind besonders gut organisiert. Wir Menschen stehen nicht nur staunend vor den Ameisenburgen im Wald. Auch die Ameisenstraßen, auf denen die Tiere geschäftig und nur scheinbar ziellos hin- und herlaufen fesseln unsere Aufmerksamkeit. Die winzigen Insekten transportieren dort häufig Dinge, die deutlich größer sind als sie selbst. Oft kommen sie sich auch gegenseitig zur Hilfe um ein besonders großes Objekt in den Ameisenbau zu schaffen. Im Verlauf der Evolution konnten Ameisen eine Vielzahl von Formen ausbilden, deren Verhaltensmuster ebenso vielfältig wie komplex sind.

Geteilte Arbeit – halbe Arbeit

Arbeitsteilung heißt auch das Rezept eines gut funktionierenden Ameisenstaates. Ähnlich wie bei den Bienen gibt es drei verschiedene Kasten, von denen jede ganz bestimmte Aufgaben erfüllt: Königinnen, Arbeiterinnen und zu bestimmten Zeiten auch Männchen. Der Königin reicht eine einmalige Spermaaufnahme, um alle Eier,

die sie während ihres gesamten Lebens legt, zu befruchten – und das kann immerhin bis zu 29 Jahre dauern. Das große Heer der Ameisen besteht aus den Arbeiterinnen. Einige von ihnen haben besonders große Köpfe und sind zu Soldaten »ausgebildet«. Die Keimdrüsen der Arbeiterinnen sind nur schwach entwickelt. Verliert ein Volk jedoch seine Anführerin, legen die Arbeiterinnen an ihrer Stelle die Eier, aus denen geflügelte Geschlechtstiere schlüpfen. Zu bestimmten Jahreszeiten erscheinen Männchen und junge Königinnen. Die Männchen sterben direkt nach dem Hochzeitsflug, während die befruchteten Jungköniginnen ihre Flügel abwerfen und sich ein eigenes Volk suchen oder aufbauen.

Ameisen stecken enorm viel Sorgfalt in die Aufzucht ihrer Jungen: Sie halten Eier und Larven stets sauber und betten sie regelmäßig um, damit sie nicht von Pilzen und Bakterien befallen werden.

Jäger, Sammler, Viehzüchter und Gärtner

Ameisen machen nicht nur Jagd auf Insekten; sie melken auch Blattläuse, um den von ihnen ausgeschiedenen Honigtau zu gewinnen. Als Gegenleistung gewähren sie den Blattläusen häufig Schutz vor Feinden und Unterschlupf. Viele Ameisenarten gehen sogar Symbiosen mit Schmetterlingsraupen ein, die sie ebenfalls melken, oder legen Pilzgärten an. Die nach der Ameise benannte Ameisensäure ist Bestandteil des Giftes der Roten Waldameise und wurde 1671 zum ersten Mal gewonnen. Heute wird sie nur noch synthetisch hergestellt.

Links Ameisenstraße der Schwarzen Wegameise, auf der die Heerscharen von Arbeiterinnen Material und Nahrung zur Burg transportieren.

Mitte Ameisenburg der Roten Waldameise

Rechts Rote Wiesenameisen bei der Brutpflege ihrer Puppen

Tarnen, Täuschen, Tricksen

... gehören zu den wichtigsten Überlebensstrategien von Tieren und Pflanzen und zu den faszinierendsten Erscheinungen, die wir beobachten können: Mimikry nennt man diese Tarn- und Warnkunst, mit Hilfe derer Beutetiere ausgetrickst oder Feinde abgeschreckt werden. So ahmt z.B. eine Fangheuschrecke in Körperform und -farbe die Vegetation ihrer Umgebung so perfekt nach, dass ihr die Beute ahnungslos direkt in die Arme läuft. Oder eine harmlose Schlange gleicht bis aufs i-Tüpfelchen einer hochgiftigen Verwandten.

Die Gabelschwanzraupe wehrt mit ihrem »Gesicht« und der aufgestellten Schwanzgabel erfolgreich Feinde ab.

Schau mir auf die Augen, Kleines

Viele Insekten und ihre Raupen tragen Nachahmungen von Wirbeltieraugen. Diese Augenflecken sind ein wirkungsvoller Schutz vor dem Gefressenwerden. Für Fressfeine – in erster Linie Vögel – stellen sie einen Schlüsselreiz dar. In die Augen eines Todfeindes zu sehen bedeutet höchste Gefahr. Also, besser den Schnabel davon lassen. Das Tagpfauenauge beherrscht diese Technik perfekt: Gerade noch saß es seelenruhig an einer Blüte und naschte Nektar. Seine Flügel sind dabei über dem Körper zusammengeklappt. Da nähert sich ein Vogel. Er will den Leckerbissen gerade packen, da öffnet der Schmetterling blitzschnell seine Flügel und präsentiert dem Feind seine Augenflecken. Erschrocken sucht der Vogel das Weite.

Mit Augenflecken auf Vorder- und Hinterflügeln imitiert das Tagpfauenauge abschreckend wirkende Wirbeltieraugen.

Mit Schwarz-gelb gut beraten

Nicht nur wir Menschen empfinden schwarz-gelb gestreiften Insekten gegenüber tiefes Misstrauen. Auch im Tierreich lässt man sich besser nicht mit derartigen Insekten ein.

Ihr Kostüm springt im Nahbereich förmlich ins Auge – Vorsicht ist geboten. Von Ferne verwischen sich die Konturen – ein ausgezeichneter Schutz. Der Abschreckungseffekt ist also in jeder Hinsicht gewährleistet. Wie tief die Abneigung gegen Streifen sitzt, beweisen Versuche mit Staren und Hühnern, denen man heißbegehrte Leckerbissen, nämlich Mehlwürmer, anbot – allerdings schwarz-gelb bemalt. Die Vögel weigerten sich standhaft, die vermeintlichen Gifttiere zu vertilgen.

Eine Schwebfliege nascht Nektar in einer Malvenblüte. Mit ihrer Körperzeichnung und -färbung ahmt sie gefährliche Wespen nach.

Die Tricks der Trittbrettfahrer

Einige harmlose Arten vertrauen allein auf die abschreckende Wirkung von Signalfarben, ohne jedoch selber ein persönliches Gift zum Schutz zu besitzen. Sie imitieren lediglich die Kostüme von Gifttieren. So bluffen harmlose Schwebfliegen mit Wespentracht, gleicht der Hornissenschwärmer – ein Schmetterling aus der Familie der Glasflügler – seinem giftigen Vorbild fast aufs Haar: Seine extrem schmalen Flügel sind durchsichtig, der Körper ist schwarz-gelb gestreift.

Der Hornissenschwärmer, ein harmloser Schmetterling, ähnelt nicht nur äußerlich einer Hornisse, sondern verstärkt noch die Wirkung durch ein brummendes Fluggeräusch.

Ausgetrickste Trickbetrüger

Aber nicht immer geht die Rechnung auf. Nur wenn die Originale häufiger vorkommen als ihre Fälschungen. Ansonsten würden die Räuber rasch begreifen, dass sie an der Nase herumgeführt werden und der Wohlgeschmack die Regel, die Ungenießbarkeit dagegen die Ausnahme ist. Außerdem halten sich längst nicht alle Räuber an die Spielregeln. Der Bienenfresser z. B. schlägt alle seine Beutetiere zwecks Zerstörung ihres Stechapparates mehrmals auf eine harte Unterlage.

Welche Blüte für welches Insekt?

Blüten sind in Gärten und auf Wiesen echte Treffpunkte. Mit ihren attraktiven Formen, Farben und Gerüchen locken sie Bienen, Hummeln, Schmetterlinge, Käfer und Schwebfliegen schon von Weitem an. Sie versprechen Nahrung und wollen im Gegenzug bestäubt werden.

Blumenwiese als Insektenparadies

Bienenfleißig

Nicht umsonst vergleichen wir in manchen Redewendungen unseren Eifer mit dem nimmermüden Einsatz der Honigbiene beim Sammeln. Das emsige Bienchen leistet einen ganz besonders wertvollen Dienst bei der Blütenbestäubung. Mit sprichwörtlichem Fleiß liefert sie den Menschen seit Jahrtausenden Honig und Wachs. Das machten sich schon unsere Vorfahren zu Nutze. Als sie sesshaft wurden, wurde auch die Honigbiene zum »Haustier«. Heute ist sie der wichtigste Blütenbestäuber. Rund 80 Prozent aller zu bestäubenden Pflanzenarten werden durch Honigbienen bestäubt. Außerdem stellen sie nach Rindern und Schweinen das drittwichtigste Nutztier dar. Die vielfältigen Blütenformen auf einer Wiese sind für Bienen kein Problem. Sie können sich anpassen und verschiedenste Pflanzenarten bestäuben. An welchen Blüten Bienen gerade genascht haben, verrät die Farbe ihres Pollenhöschens. Goldgelb sind sie von der Hasel, schwefelgelb von Apfelblüten, orangegelb vom Löwenzahn und rötlich von der Taubnessel. Honigbienen überwintern als Volk.

Honigbienen verstauen die Pollenkörner in ihren »Pollenhöschen« am hinteren Beinpaar.

Perfekte Kommunikation und effektive Arbeitsweise

Bereits im Frühjahr fliegt ein ansehnliches Heer von Bestäubern über unsere fast noch kahlen Bäume und Wiesen. Die Bienen haben ihre sehr effektive Arbeit bestens organisiert. So verfügen sie über ein einzigartiges Kommunikationssystem: Sie können ihren Artgenossen durch verschiedene Tänze Richtung, Entfernung und Ergiebigkeit von Nahrungsquellen mitteilen. Nur die lohnendsten Stellen fliegen sie auch an. Liegt eine Futterquelle in unmittelbarer Nähe des Bienenstocks, beschreibt die Kundschafterin kreisförmige Figuren. Ist die Futterquelle weiter entfernt, führt sie anstelle des Rundtanzes einen Schwänzeltanz auf. Sie beschreibt dann die Figur einer gestauchten 8. Diese Art der Verständigung ermöglicht es den Honigbienen auch, innerhalb kürzester Zeit neue ergiebige Nahrungsquellen zu finden. Honigbienen haben zudem ein hervorragendes Zeitgedächtnis: Sie suchen ihre Futterpflanzen immer nur zu bestimmten Tageszeiten auf – dann nämlich, wenn diese am reichlichsten Nektar und Pollen produzieren. Und noch eine Besonderheit zeichnet die Honigbiene als unentbehrliche Bestäuberin aus: Sie ist blütenstet, d. h. die Sammlerinnen eines Bienenvolkes suchen ein und dieselbe Pflanzenart solange auf, bis ihre Nektar- und Pollenvorräte zur Neige gehen.

Blühender Kirschbaum mit einer Blütenbesucherin, der andere folgen werden

Wilde Blütengäste

Die Wildbienen schließen mit ihren vielfältigen Sammelmechanismen die Lücken, die Honigbienen und andere Insekten bei der Bestäubung vieler Wild- und Kulturpflanzen offen lassen. Auch sie ernähren sich von Pollen und Nektar und versorgen, soweit sie nicht – wie die sogenannten Kuckucksbienen – Brutschmarotzer sind, damit ihre Nachkommen. Bei wilden Bienen entscheidet die Länge des Saugrüssels darüber, welche Blüten angeflogen werden. Ist der Rüssel kurz, fällt die

Wahl auf Blüten, deren Nektarquelle leicht zugänglich ist. Auch was das Sammeln von Pollen anbelangt, ist das Blütenspektrum der Wildbienen begrenzt. Manche tragen »ihre« Pollenquelle sogar im Namen, wie z. B. die Zaunrüben-Sandbiene oder die Natternkopf-Mauerbiene. Wildbienen ernten den Pollen mit den Mundwerkzeugen, dem Kopf, den Beinen, dem Hinterleib und sogar mit dem ganzen Körper. Nach der Art und Weise ihrer Pollen-Erntetechnik unterscheidet man Kropfsammler, Beinsammler und Bauchsammler.

Geschäftiges Treiben

Außer den Bienen, Hummeln und Schmetterlingen finden sich auch einige Käfer gerne auf Blüten ein, z. B. Vertreter der Blatt-, Bock- und Weichkäfer. Sie sind Pollenverzehrer und besuchen vor allem die Blüten von Doldenblütlern, Korbblütlern und Sträuchern. Besonders der Schmalbock ist ein regelmäßiger Blütenbesucher,

Links Der Zottige Bienenkäfer ernährt sich von Pollen und kleinen Insekten.

Rechts Gärtners Liebling: Marienkäfer und ihre Larven ernähren sich fast ausschließlich von Blattläusen.

der dort von Juni bis August seine Mahlzeiten einnimmt. Gar nicht selten taucht der goldgrün metallisch schillernde Moschusbock in Gärten auf. Er lebt auf Blütern, saugt aber auch an blutenden Bäumen. In den Sommermonaten lässt sich der träge Rosenkäfer blicken, der gerne die Kronblätter von Blüten frisst. Er kann fliegen, ohne seine Deckflügel anzuheben. Seitliche Aussparungen daran ermöglichen ihm die ausreichende Beweglichkeit seiner Hinterflügel. Weichkäfer finden sich oft in hoher Zahl auf Blüten ein, um dort andere Insekten zu jagen. Der Pinselkäfer sitzt gerne in Blüten. Mit seinen gelb-schwarzen Streifen und der Behaa-

Treffpunkt Blüte: Honigbiene und Wespen

rung gleicht er entfernt einer dicken Wespe. Auch der Zottige Bienenkäfer(auch »Bienenwolf« genannt) – ein heimischer Buntkäfer – lebt auf Blüten und frisst neben Blütenstaub auch andere Insekten. Wie der Wolf im Schafspelz schmuggeln sich seine Larven bei Solitärbienen und in Bienenstöcke ein und fallen dort über Larven, Puppen und erwachsene Bienen her.

Noch andere Insekten stehen schwirrend vor den Blüten in Gärten und Wiesen: die häufig wespenähnlich gezeichneten Schwebfliegen. Sie zählen zu unseren wichtigsten Blütenbestäubern. Ihre zum Teil auffällig bunt gefärbten Larven vertilgen zudem noch ansehnliche Mengen an Blattläusen. Die Larven entwickeln sich am Wasser, in Gülle, Dung und sogar in Nestern sozialer Hautflügler.

Ein Kolibri am Blumenkasten?

Kolibris in Mitteleuropa? Wenn wir's nicht selber gesehen hätten, würden wir's nicht glauben! An unserem Balkonkasten steht ein winziger Vogel im Schwirrflug in der Luft, um mit seinem überlangen Schnabel aus einer tiefen Geranienblüte Nektar zu trinken. Seine Ähnlichkeit mit den amerikanischen Kolibris ist einfach verblüffend. Allerdings handelt es sich bei diesem zauberhaften Blütenbesucher nicht um einen Kolibri, sondern um das Taubenschwänzchen, einen Schmetterling. Das Taubenschwänzchen gehört zur »Großfamilie« der Schwärmer. Schwär-

Links Das Taubenschwänzchen senkt im Rüttelflug den langen Saugrüssel in tiefe Blütenkelche.

Rechts Taubenschwänzchen. Der kleine Schwärmer ist sitzend gut getarnt

mer fliegen äußerst schnell und wendig. Aber nicht nur das – sie fliegen auch sehr weit. Selbst Hochgebirgspässe stellen für sie keine unüberwindlichen Hindernisse dar. So landen manche der bunten Arten aus Südeuropa im Sommer bei uns, so auch unser Taubenschwänzchen. Jedes Jahr überqueren die Tiere der ersten Generation die Alpen und erscheinen plötzlich in unseren Gärten und Balkonen. Sonnige, geschützte Flächen – bis in die höchsten Regionen – sind ihre bevorzugten Aufenthaltsorte. Taubenschwänzchen sind tagaktiv und stehen selbst in größter Hitze im Schwirrflug vor den Blüten – in der freien Natur sind es Flockenblumen, Seifenkraut und Natternkopf, im Garten vor allem Geranien, Petunien, Phlox oder Schmetterlingsflieder.

Links Der Gesang des Zwitscherheupferds ist ein gleichmäßig, lautes Schwirren.

Mitte Die Feldgrille singt laut, aber wohlklingend in der »Arena« vor ihrer selbstgegrabenen Erdhöhle.

Rechts Sumpfschrecke. Sie zirpt nicht wie andere Heuschrecken, sondern erzeugt weithin hörbare Knipslaute.

Natur entdecken
Sommerkonzert

Wie eine blühende Wiese so gehört auch der Gesang der Heuschrecken und Grillen für uns einfach zum Sommer. Allerdings beschränkt sich unser Genuss nur aufs Zuhören. Zu Sehen bekommen wir die Musikanten gar nicht oder nur selten.

Schrille Leisten, scharfe Kanten

Wenn Heuschrecken in lauen Sommernächten ihr Konzert anstimmen, können wir uns auch in unseren Breiten ganz wie im Süden fühlen. Im Prinzip erzeugt die Heuschrecke die Töne wie ein Streichinstrument: Eine scharfe Kante »streicht« über eine Schrillleiste – ähnlich wie ein Geigenbogen über die Saiten. Membranöse Flächen in den Flügeln verstärken den Schall. Bei den meisten Arten musizieren nur die Männchen. Mit ihrem Gezirpe werben sie um die Gunst der Weibchen. Aber nicht alle Heuschrecken besitzen Zirporgane. Die Knarrschrecken etwa behelfen sich, indem sie ihre Mundwerkzeuge aneinander reiben und so mit den »Zähnen« knirschen. Ab Juli ist die Luft dann vor allem vom lauten abgehackten Schwirren des Grünen Heupferds erfüllt. Dagegen klingt das Gezirpe des Zwitscherheupferds viel gleichmäßiger. Und die Eichenschrecken »trommeln« einfach mit den Hinterbeinen auf den Untergrund.

Grillen machen Musik indem sie mit dem rechten über den linken Flügel streifen. So singt die Feldgrille bis tief in die Nacht ihr schnelles »zri«. Die Maulwurfsgrille surrt ausdauernd (»rrrrr«).

Da sie im Boden gräbt, vermutete man in ihr zunächst einen Gartenschädling. Dabei macht sie sich durch den Verzehr von Engerlingen, Drahtwürmern und Erdraupen sogar richtig nützlich! Heimchen können in unseren Breiten eigentlich nur in Häusern überleben und wagen sich nur im Sommer ins Freie. Sie singen kräftig und schön.

Grün – aber noch lange kein Vegetarier

Das Grüne Heupferd, eine Langfühlerschrecke, ist nicht nur eine unserer größten Heu-schrecken, sondern auch eine der anpassungsfähigsten Arten. Im Kulturland lebt es in Gärten, Getreidefeldern, an sonnigen Wegrändern und auf Trockenrasen.

Obwohl seine Tarnung auf Pflanzen perfekt ist, vom braunen Rücken und den gelegentlich gelben Beinen einmal abgesehen, ist das Grüne Heupferd beileibe kein Vegetarier. Fliegen, Raupen und – der Gärtner freut sich – Kartoffelkäferlarven zählen zu seiner Lieblingsnahrung. Pflanzen sind anscheinend nur »Beilagen«. Mit diesem Speiseplan ist das Grüne Heupferd ein überaus nützlicher Gartenbewohner.

Durch Gesang verführt

Mit 32–42 mm Körperlänge sind die Grünen Heupferddamen deutlich größer als ihre 28–36 mm langen Männer. Vom Werbegesang eines Männchens angelockt, lässt das Weibchen sich nicht einfach nach Kurzfühlerschreckenmanier besteigen, sondern dokumentiert seine Paarungsbereitschaft durch Aufreiten auf den männlichen Mu-sikanten. Nach diesem Kletterakt ergreift der Liebhaber seine Angebetete mit seinen Schwanzanhängen und heftet einen gallertigen Spermabehälter an ihre Genitalöff-nung. Während in den nächsten Stunden nach dem Paarungsakt die Spermien in die Genitalöffnung einwandern, verzehrt das Weibchen diese Verpackung

Zur Eiablage bohrt es wenige Tage später seine Legeröhre ins Erdreich und legt rund 100 Eier ab. Daraus schlüpfen im nächsten Frühjahr kleine Larven, die ihren Eltern schon sehr ähnlich sehen. Am Ende jedes der 5-7 Larvenstadien »fahren« die grünen Hüpfer aus ihrer alten Haut. Besonders heikel ist es, die langen staksigen Beine herauszuziehen. Die Haut recyceln sie optimal, indem sie diese auffressen. Ab Mitte Juli wird dann bis zum Saisonende im Herbst von Mittag bis Mitternacht mun-ter gezirpt.

Wie hören Heuschrecken ihren Gesang?

Wer nicht über spitze, lange, große, kleine, abstehende Ohren oder Ähnliches am Kopf verfügt, ist deshalb noch lange nicht taub. Beim Grünen Heupferd sind die Hörorgane als je zwei Schlitze in den Vorderbeinen äußerlich erkennbar. Vor allem für die Ver-ständigung der Tiere bei der Partnersuche und Paarung spielt das Hören eine große Rolle. Bei Störungen und um frühzeitig Feinde zu erkennen, müssen Heuschrecken jedoch nicht unbedingt ihre »Schienbein-Lauscher« einschalten. Sie besitzen nämlich zusätzliche Erschütterungsorgane, mit denen sie kleinste Erschütterungen bereits aus vielen Metern Entfernung spüren, um - typisch für Heuschrecken - mit kühnem Sprung oder in kurzem Flug rechtzeitig das Weite zu suchen.

Gestreifte Fraktion

Die schwarz-gelben Hautflügler – Hummel, Hornisse, Wespe, Biene – können innerhalb ihrer Art ganz unterschiedlich organisiert sein. Neben solchen, die Staaten gründen und von einer Königin regiert werden, finden sich zahlreiche Beispiele für Einzelgänger. So leben z. B. die meisten Wildbienen solitär. Die Weibchen bauen ein Nest und versorgen die Brut ohne Mithilfe von Artgenossen. Das gleiche gilt auch für solitäre Wespenarten. Einige Bienen und Wespen haben sich sogar darauf verlegt, keine eigenen Nester zu bauen, sondern ihre Eier einfach in fremde Nester zu legen und den Brutpflegebetrieb einer fremden Art in Anspruch zu nehmen. Nicht umsonst nennt man sie auch Kuckucksbienen bzw. -wespen.

Kinder der Königin

Und diese Biene, die ich meine, die heißt... *Apis mellifera* (Europäische Honigbiene). Diese Biene lebt in einem Hofstaat, an deren Spitze die Regentin steht. Auf seinem Höhepunkt im Sommer besteht ein Bienenvolk aus bis zu 80000 Individuen. Die Königin ist allein für die Erzeugung der kompletten Nachkommenschaft verantwortlich. Ihre Hauptaufgabe besteht im Eierlegen und dies nicht zu knapp:

Eine Biene saugt Wasser auf.

Eine Heidehummel besucht eine Knabenkrautblüte

Sie legt bis zu 1500 Eier am Tag. Sie ist etwa um die Hälfte größer als ihre Höflinge und an ihrem langen Hinterleib zu erkennen. Aus den Eiern schlüpfen die unfruchtbaren Arbeiterinnen und bilden den Hofstaat. Die Lebenserwartung einer Arbeiterin beträgt im Sommer nur 4–6 Wochen, dann haben sie sich regelrecht tot gearbeitet. Arbeiterinnen sind sowohl im Innen- wie auch im Außendienst eingesetzt und übernehmen sehr spezialisiert alle anfallenden Aufgaben. Es gibt Baumeister, Ammen für die Brutpflege, Nahrungs- und Vorratsbeschaffer und Türsteher, welche die Bienen des eigenen Volkes am Geruch erkennen und nur diese einlassen. Aus einigen Eiern schlüpfen männliche Drohnen; sie kommen nur vorübergehend und in begrenzter Anzahl vor. Im Grunde sind sie nichts weiter als Samenspender. Ein Mal in ihrem Leben – das ansonsten aus Herumliegen und Fressen besteht – dürfen sie die Königin begatten, um Prinzessinnen zu zeugen. Diese müssen gelegentlich geboren werden, damit das Bienenvolk nicht mit der alten Königin ausstirbt. Drohnen sind plumpe Gesellen mit großem Kopf und riesigen Augen. Sie sind doppelt so groß wie Arbeiterinnen und wirken durch ihre »Fettleibigkeit« fast größer als die Königin. Ihr Hinterleib ist abgestumpft, sie können nicht stechen.

Hummelgebrummel

Gleich neben dem Apfelbaum entdecken wir im Spätsommer einen dicken Brummer mit dem biologischen Namen *Bombus*, der im Tiefflug ein Mauseloch umkreist. Die Hummel trägt einen schwarzen Pelz mit goldgelbem Kragen. Als sie in das Mauseloch »abtaucht«, fällt ihr weißes Hinterteil auf – es ist also eine Gartenhummel – *Bombus hortorum*

Die junge, begattete Königin ist frisch geschlüpft und auf der Suche nach einem geeigneten Nistplatz; dabei inspiziert sie immer wieder Ritzen und Löcher. Nun ist sie fündig geworden. In Frage kämen neben verlassenen Mauselöchern ebenso alte Vogelnester, Nistkästen, Baumhöhlen oder Verstecke in Gebäuden – nur geschützt und trocken müssen diese Plätze sein. Mit dem »Abtauchen« in ihr künftiges Nest beginnt für die Regentin eine arbeitsreiche Zeit – sie muss im Alleingang ein ganzes Volk erschaffen. Etwa 450 Blüten wird jede Hummel dieses Volkes täglich, allein zur Deckung ihres eigenen Bedarfs, besuchen – dreimal so viele wie eine Honigbiene.

Die Erdhummel reicht mit ihrem kurzen Rüssel nur in flache Blütenkelche. Langspornige Blüten werden von ihr von hinten aufgebissen, um an den Nektar zu kommen.

Die Hornisse

Wie die Hummelkönigin muss auch die Hornissenkönigin im Frühjahr, ganz auf sich allein gestellt, einen geeigneten Standort für ihr zukünftiges Volk ausfindig machen. Doch natürliche Nistplätze wie verlassene Spechtlöcher oder alte, hohle Bäume sind in unserer Landschaft Raritäten. Notgedrungen errichten die Königinnen daher ihren Wabenbau häufig auf Dachböden, in Gartenhütten, Vogelnistkästen oder sogar in Rolladenkästen. Dann heißt es oft: »Oje, Hornissen im Garten! Können nicht bereits drei Stiche einen Menschen töten?« Nein! Hornissenstiche sind nicht gefährlicher als Bienenstiche. Nur Menschen, die auf Insektenstiche allergisch reagieren, müssen sich vorsehen. Und schon kommt eine Hornisse angeflogen. Ähnlich einem Versorgungshubschrauber trägt sie zwischen ihren Kiefern eine fette grüne Raupe und verschwindet damit in einem Einflugloch hinter dem sich ein Wabenbau befindet. Ein starkes Hornissenvolk von ungefähr 600 Tieren verfüttert am Tag leicht ein Pfund Insekten an die Nachkommenschaft. Weil sie eine Vielzahl von Insekten jagen, vor allem verschiedene Fliegen und Raupen, leisten Hornissen wertvolle Dienste bei der natürlichen Schädlingsbekämpfung.

Die Nester sind aus Holz gefertigt, das die Hornissen mit Speichel versetzen und zu einer papierartigen Masse zerkauen. Beginnt die Königin den Nestbau noch allein, so übernehmen später die aus der ersten Brut geschlüpften Arbeiterinnen diese Aufgabe. Sie sorgen auch für die Nachkommenschaft und die laufend erforderlichen Erweiterungen des Wabenbaus.

Hornisse im Anflug auf ihren Bau im hohlen Baum

Eine Deutsche Wespe nascht an einer überreifen Pflaume.

Störenfried und Ärgernis? – Die Wespe

Oft gilt die Wespe als nutzloser Störenfried, doch von den acht bei uns heimischen Arten, werden nur zwei Arten dem Menschen wirklich lästig. Dies sind die Deutsche Wespe (*Paravespula germanica*) und die Gemeine Wespe (*P. vulgaris*). Beide Arten tauchen gerne an Kaffeetafeln, in Konditoreien, auf Terrassen und in Gärten auf, um sich an süßen Speisen und Getränken zu laben. Wenn wir sie dabei durch hektische Bewegungen abwehren oder unbeabsichtigt einklemmen, kann es zu schmerzhaften Stichen kommen. Bei der menschlichen Gegenoffensive trifft es jedoch oft genau die Falschen. Die Herkunft allen Übels wird meist im Wespennest nahe des gedeckten Gartentischs vermutet. Jedoch nisten die Deutsche und die

Nest der Sächsischen Wespe auf Dachboden

Gemeine Wespe als sogenannte Dunkelhöhlennister fast ausschließlich in unter- oder oberirdischen Hohlräumen (Mäuse-, Maulwurfsgänge, Dachwinkel). Ihre Nester bleiben für uns in aller Regel unsichtbar. Es sind andere Arten – darunter die Hornisse (*Vespa crabro*), die Mittlere (*Dolichovespula media*) und die Sächsiche Wespe (*Dolichovespula saxonica*) – die als Freinister einsehbare Nester z.B im dichten Gesträuch oder an der Decke von Schuppen anlegen. Diese Arten reagieren höchstens im unmittelbaren Nestbereich aggressiv. Wer sich den Tieren ruhig nähert, und ihnen die Flugbahn nicht verstellt, braucht keine Attacken zu befürchten. Darüber hinaus ist eine unsachgemäße Bekämpfung ein Verstoß gegen geltende Naturschutzbestimmungen. Hat sich ein Volk doch einmal an einer ungünstigen Stelle häuslich eingerichtet, so ist eine Umsiedlung durch Spezialisten möglich.

Links Das betaute Kreuzspinnennetz erinnert an eine Häkelgardine.

Rechts Ein kleines Kreuzspinnenmännchen im Netz unter seiner Spinnenfrau

Natur entdecken
Ins Netz gegangen

Beim Thema Spinnen scheiden sich die Geister. Auf die einen üben sie eine magische Faszination aus, andere finden sie einfach nur abstoßend. Schließlich fangen und fressen Spinnen nicht nur andere Insekten. Bei Hunger – und oft genug nach dem Liebesakt – werden sie nicht selten sogar zu Kannibalen. Dann hat das Männchen keine Chance.

Eine Sache von Sekunden

Gerade fliegt eine dicke Fliege aus den Kletterpflanzen an der Hauswand. Ein Augenblick der Unvorsichtigkeit: schon hat sie sich in dem kunstvollen Netz verfangen. Wild zappelnd versucht sie, ihrem sicheren Schicksal zu entrinnen. Doch die Spinnenfrau hat nur auf diesen Augenblick gewartet. Eilig kommt sie herangesaust und lähmt ihr Opfer mit einer Giftspritze aus ihren nadelfeinen Kieferklauen, die sie ansonsten wie ein Taschenmesser zusammenklappt. Unverzüglich spinnt sie ihre Beute in ein dickes Paket ein, löst dieses dann kunstfertig aus dem Netz und eilt damit zu ihrem Stammplatz in der Netzmitte. Das Opfer ist völlig gelähmt und bemerkt nicht mehr, dass sie etwas Verdauungssaft erbricht, bevor sie sein aufgelöstes Körpergewebe einsaugt. Die unverdaulichen Fliegenreste lässt sie schließlich achtlos zu Boden trudeln. Erledigt. Sie lauert bereits wieder regungslos auf neue Beute.

Die Falle

Das Netzt war kunstvoll aufgespannt und wunderschön anzusehen. Besonders wenn sich die Sonne in den Tautropfen spiegelte. Ein Weibchen der Gartenkreuzspinne hatte es zwischen den Kletterpflanzen an der Hauswand und einem kleinen Busch davor gesponnen. Ein feines Netz wie ein Rad. Die Gartenkreuzspinne produzierte die Spinnfäden in einigen tausend Spinndrüsen der Spinnwarzen an ihrem Hinterleib. Faden ist nicht gleich Faden. Ganz nach Bedarf sondern die Spinnen verschiedene Spinnseide ab: glatte oder klebrige Fäden, Sicherheitsfäden, zähflüssigen »Kleber«, um die Knotenpunkte im Netz zu kitten, oder Fäden, mit denen sie ihren Eikokon einspinnen. Doch wie schaffen sie es, sich nicht selber im eigenen Netz zu verstricken, wo doch jedes Beutetier unentrinnbar kleben bleibt? Die Lösung dieses Rätsels findet sich in den Spinnfäden. Denn nicht alle Fäden, aus denen das kunstvolle Netz gesponnen wurde, kleben. Die äußeren Rahmenfäden und die zur Mitte hin wie Speichen eines Fahrrads verlaufenden Radial- oder Speichenfäden kleben nicht. An ihnen bleibt kein Insekt haften und auch die Spinne nicht, und an diesen turnt die Spinne hauptsächlich durch ihr Netz. Nur die Fäden der kreisförmig zwischen Rahmen und Netzzentrum verlaufenden Fangspirale müssen kleben. Auf sie trägt die Spinne beim Bau mit einer speziellen Drüse tropfenförmig eine proteinhaltige Flüssigkeit mit klebender Wirkung auf. Diese Fäden sind zudem sehr viel elastischer als der restliche Netzteil. Insekten, die mit hoher Geschwindigkeit darauf auftreffen, sollen das Netz schließlich nicht zerreißen, sondern nur in der Falle kleben bleiben. Zappelt ein Insekt im Netz, eilt die Spinne über die Radialfäden zur Beute, um das Opfer einzuspinnen. Wenn es schnell gehen soll sind allerdings auch die Klebefäden kein echtes Hindernis. Nur ein kleiner Teil des Spinnenfußes kommt mit dem Kleber in Berührung. Und sollte sie doch einmal in ihrer Fangspirale hängen bleiben, kann sich die Spinne dank eines besonderen Klauenmechanismus problemlos losreißen. Auch vermuten Forscher, dass die Netzbauerinnen beim gründlichen Reinigen ihrer Beine zusätzlich eine ölige Substanz gegen die Klebewirkung der Fangfäden auf die Klauen auftragen.

Links Ein Brauner Bär aus der Sippe der Bärenspinner ist ins Netz gegangen.

Rechts Die langbeinige Hauswinkelspinne spinnt kein Radnetz, sondern legt einen Netzteppich zum Beutefang aus.

Greifvögel –
Die Herrscher der Lüfte

Bei den in Europa heimischen Greifvogelarten unterscheidet man zwischen den Falken und den übrigen Greifvögeln (Adler, Geier, Bussard, Habicht, Sperber, Weihe, Milan). Einige unter ihnen – voran Turm- und Wanderfalke, aber auch Mäusebussard, Rot- und Schwarzmilan, Habicht und Sperber – jagen und brüten nicht selten in unserer nächsten Nachbarschaft.

Familienleben

Bis auf die Falken, die ihre Eier direkt auf die vorgefundene Unterlage (z.B. alte Nester anderer Vögel oder Höhlungen) legen, errichten alle anderen Greifvögel einen sogenannten. Horst auf Bäumen, in Felswänden oder auf dem Boden. Bei den meisten Greifvogelarten herrscht bei der Aufzucht der Jungtiere Arbeitstei-

Turmfalke (Weibchen) auf Ansitz

lung: Das Weibchen legt Eier und betreut die Jungtiere, während das Männchen die Nahrung heranschafft. Erst, wenn die Jungen größer sind, beteiligt sich auch das Weibchen an der Jagd. Die kleinen »Nesthocker« brauchen im Vergleich zu anderen Vögeln verhältnismäßig lange, bis sie flugfähig sind. Während kleinere Arten wie Sperber oder Turmfalke 4–6 Junge pro Jahr großziehen, haben größere Arten wie Geier und Adler meist nur ein Jungtier und dies auch nicht jedes Jahr.

Flugkünstler und Meisterjäger

Alle Greifvögel verfügen über ein ausgezeichnetes Sehvermögen, um ihre Beute aus großer Entfernung entdecken zu können. Während die meisten zum Jagen auf offenes Gelände angewiesen sind, brauchen andere – wie Habicht und Sperber – eine deckungsreiche Landschaft, um sich ungesehen anpirschen zu können. So überfliegen Adler und Geier mit ihren langen breiten Flügeln im Segelflug große Gebiete, wobei sie die Thermik nutzen. Habicht und Sperber hingegen sind Kurzstreckenjäger mit kurzen breiten Flügeln und langem Schwanz. Sie fliegen sehr wendig durch die deckungsreiche Landschaft und können vom Start weg auf kurzen Strecken hohe Geschwindigkeiten erreichen. Neuerdings

Habicht im gelblich braunen Jugendkleid. Seine Brust ist noch nicht quergebändert wie bei erwachsenen Habichten, sondern weist eine Tropfenzeichnung auf.

nutzen Habicht und Sperber solcherart Strukturen auch zunehmend in Großstädten. Falken wiederum sind Langstreckenjäger, die fliegende Vögel und Insekten im Luftraum erbeuten. Mit ihren spitzen, schmalen Flügel erreichen sie – vor allem im Steilstoß (Sturzflug) auf die Beute aus großer Höhe – enorme Geschwindigkeiten. Falken töten ihre Beute durch Biss in den Nacken (durchtrennen des Halswirbels), während die anderen Greifvögel dies durch festen Griff mit ihren spitzen Krallen erledigen. Einige Greifvogelarten sind Standvögel und verbringen den Winter in ihrem Brutrevier (z.B. Steinadler, Gerfalke, Habicht), andere sind Zugvögel, die sich im Herbst auf den langen Flug gen Süden machen (z.B. Wespenbussard, Zwergadler, Baumfalke).

Der Wanderfalke

Er hat etwa die Größe einer Krähe. Auffallend sind die breiten schwarzen Wangenstreifen, die gelben Ringe um die schwarzen Augen sowie die gelben Fänge. Das Gefieder ist auf der Oberseite blaugrau, die Bauchseite ist gleichmäßig dunkel quer gebändert, die Brust ist weiß. Er jagt Vögel im freien Luftraum. Dabei stößt er aus großer Höhe mit einer Geschwindigkeit von über 200 km/h. auf die Beute herab. Nachdem der Wanderfalke durch illegales Aushorsten zu Zwecken der Falknerei und Brutverluste durch Schädlingsbekämpfungsmittel in der Nahrung vom Aussterben bedroht war, hat sich der Bestand durch Schutzmaßnahmen heute deutlich erholt. Seit man dem Vogel Ersatznistplätze an Hochhäusern, Brücken oder Kirchtürmen zur Verfügung stellt, können immer mehr Wanderfalken beim Brüten in Städten beobachtet werden. Hat ein Falkenpaar sich einmal für einen Nistplatz entschieden, kehrt es jedes Jahr an diesen zurück.

Eulen – Wächter der Nacht

Schleiereule und Waldkauz nutzen von allen unseren Eulenarten den Siedlungsraum am häufigsten. Als auf die nächtliche Jagd spezialisierte Vögel unterscheiden sich Eulen von anderen Vögeln nicht nur im Körperbau. Neben der typischen Gestalt mit gedrungenem Körper und großem Kopf, haben sie große, nach vorn gerichtete Augen, die es ihnen ermöglichen räumlich zu sehen und Geschwindigkeiten und Abstände abzuschätzen. Sie können ihren Kopf um 270° drehen, wodurch das Gesichtsfeld stark erweitert wird. Auch hören sie im Vergleich zu vielen anderen Vögeln herausragend gut. Der Schnabel der Eulen ist stark gekrümmt und scharfkantig. Fast alle Eulen verbringen den Tag geschützt in Baumkronen, Felsnischen oder Strauchwerk auf ihren Ruheplätzen sitzend. Dabei nehmen sie eine Tarnhaltung ein, denn andere Vögel, die tagsüber eine Eule entdecken reagieren aggressiv und machen laut lärmend auf den nächtlichen Jäger aufmerksam. Bei uns heimisch sind unter anderem Schleiereule, Sumpfohreule, Steinkauz, Waldkauz, Uhu und die Waldohreule, die an ihren langen, aufstehenden, ohrartigen Federn am Kopf – ähnlich dem Uhu – leicht zu erkennen ist.

Linke Seite links Junger Wanderfalke. Seine Art hat in den letzten Jahren unsere Großstädte erobert.

Linke Seite rechts Sperber jagen ihre Vogelbeute auf kurzen, breiten Flügeln in schnellem Flug und überraschend.

Diese Seite Sperlingskauz. Die kleinste unserer Eulenarten ist ein Vogeljäger.

Der Uhu

Der Uhu ist die größte Eulenart, wobei das Weibchen nochmals deutlich größer ist, als das Männchen. Besonders markant sind seine großen Federohren und die orangegelben Augen. Das typische Uhurevier hat im Durchschnitt eine Größe von 40 Quadratkilometern. Die Brutplätze finden sich vor allem in Felswänden und Steilhängen und in alten Greifvogelhorsten, seltener an Gebäuden oder auf dem Boden. Das Männchen lässt in der Balzzeit ein dumpfes »buho« erklingen, das weit zu hören ist. Das Weibchen antwortet auf diesen Ruf mit einem helleren »u-hu«. Sitzt der Uhu in Tarnhaltung auf seinem Ruheplatz, so verbirgt er zusätzlich mit steil aufgerichteten Federohren und zu schmalen Schlitzen verengten Augen seine auffälligsten Gesichtskonturen.

Zeitweise stand der Uhu kurz vor der Ausrottung. Man sah ihn als Jagdkonkurrenten, da er Tiere wie Fasan, Feldhase und Reh erbeutet. Auf der anderen Seite wurde er aber auch – wie der Falke – gezielt zur Jagd eingesetzt. Heute haben gesetzliche Schutzmaßnahmen erheblich zur Wiederansiedelung der Uhus im Flachland beigetragen. Sie brüten inzwischen in Gebäudenischen in Städten und selbst auf Grabdenkmälern von Stadtfriedhöfen.

Diese Seite Uhupaar in seiner Brutnische. Mit geschlossenen Augen und »Federohren« die nicht dem Hören dienen

Rechte Seite links Waldkauz. Weit verbreitet und individuell braun oder grau gefärbt, aber immer mit rindenartiger Musterung

Rechte Seite rechts Die Schleiereule wird die erbeutete Maus zu ihren Jungen bringen.

Der Waldkauz

Der Waldkauz ist neben der Waldohreule die verbreitetste heimische Eulenart. Als Höhlenbrüter brütet er außer in Baumhöhlen auch in Mauerlöchern, Felshöhlen sowie Dachböden. Er jagt des Nachts in nahezu lautlosem Suchflug entlang von Waldrändern und auf waldnahen Wiesen, auf Feldern und in Parks oder er verharrt auf seiner Ansitzwarte, die ihm einen Überblick über beutereiche Stellen bietet und sich häufig nur ca. 50 cm über dem Boden befindet. Bevorzugt stehen Mäuse auf dem Speiseplan. Er benötigt ca. 60 Gramm Nahrung täglich, das entspricht etwa vier Feldmäusen. Mit seiner rindenähnlichen Gefiederfärbung ist er tags in seinem Baum besonders gut getarnt. Von September bis November sowie im frühen Frühjahr ist der Reviergesang des Männchens – ein langgezogenes, heulendes »Huh-hu-hu-huhuuu« weit hin zu hören.

Die Schleiereule

Die Schleiereule ist eine helle, langbeinige Eule, die keine Federohren aufweist. Zu ihren auffälligsten Erkennungsmerkmalen gehört der herzförmige Federkranz, der ihr Gesicht bildet und dem sie ihren Namen verdankt. Ihre erfolgreiche Jagd auf Mäuse und Ratten machte sie bei Landwirten in Mitteleuropa sehr beliebt. Scheunen und Ställe haben daher in vielen Regionen sogenannte »Eulentüren« (oder »Uhlenflucht«), die den Vögeln Zugang zu geeigneten Brutplätzen bieten. Als Kulturfolger besiedelt sie fast ausschließlich die offene Agrarlandschaft mit dörflichen Siedlungen. Ihre langen Flügel und der gleitende Flug sind Anpassungen an die Jagd in offenem Gelände. Neben Brutplätzen in Scheunen werden auch solche in Kirchtürmen, seltener in Baumhöhlen genutzt.

Links oben Rabenkrähe mit totem Fisch. Ihr Zweitname Aaskrähe ist eine gute Wahl.

Links unten Die kecke Elster will nicht schmusen, sondern ein paar Hundehaare »abstauben« zur Auspolsterung ihres Nests.

Rechts Trinkender Kolkrabe. Intelligenter Riese unter den Rabenvögeln

Natur entdecken
Abraxas, Huckebein und Co. – Die Rabenvögel

Intelligenzbestien

Rabenvögel (*Corvidae*) wie Kolkrabe, Rabenkrähe, Saatkrähe, Elster, Dohle oder Eichelhäher - insbesondere aber Raben und Krähen – zählen zu den intelligentesten Vögeln überhaupt. Neben ihrer erstaunlichen Merkleistung beim Wiederauffinden von Futterverstecken zeigen sie auch ein herausragendes Lernverhalten: So nutzen sie beispielsweise den Straßenverkehr, um Nüsse zu knacken, indem sie Autos darüber fahren lassen und die geöffneten Nüsse dann bei roter Ampel verspeisen. Zudem sind sie in der Lage, »Werkzeuge« herzustellen und zu benutzen. Kurz nachdem ein solches Verhalten bei einem Vogel beobachtet werden konnte, scheint es einer beim anderen abgeschaut zu haben, denn es breitete sich radial aus. Auch eine Form von Bewusstsein scheint ihnen eigen zu sein, denn in einem Experiment wurde Raben ein roter Punkt aufgeklebt. Nachdem sich die Vögel im Spiegel sahen, versuchten sie, den Punkt zu entfernen. Ihnen war bewusst, dass sie ein Abbild von sich selbst gesehen hatten – eine Leistung, zu der viele intelligente Säugetiere nicht in der Lage sind.

Die diebische Elster

Wie alle Rabenvögel ist die Elster besonders anpassungsfähig und nutzt ein außerordentlich breites Nahrungsspektrum, das von Aas, Insekten, Larven und kleinen Wirbeltieren über Früchte, Samen, Nüsse, Pilze bis hin zu Nahrungsresten, Komposthaufen und Müllkippen reicht, die in besiedelten Gebieten rund die Hälfte ihres Nahrungsbedarfs ausmachen. Die Elster ist aufgrund ihres charakteristischen schwarz-weißen Gefie-ders und ihrer langen Schwanzfedern unverwechselbar. Eine Tugend aller Rabenvögel ist es, Futter zu horten. Bei der Elster ist dies besonders ausgeprägt, wobei sie dabei offenbar auch ein großes Interesse an glänzenden, nicht essbaren Gegenständen entwickelt, die sie umherträgt und versteckt. Sie bringt ihr Diebesgut jedoch nicht einfach in ihr Nest, sondern legt einzelne Verstecke an, vielleicht um sich selbst vor Plünderungen zu schützen.

Ente über Krähen

Die Zeitungen schildern alljährlich das überholte Szenario vom Rückgang der Singvögel durch Rabenvögelvermehrung. Tatsache ist vielmehr, dass sich die »bedrohten« Singvögel in unseren Siedlungen und Gärten ausbreiten und vermehren – und das trotz Elster, Rabenkrähe und Co. Die betroffenen Vogelarten kalkulieren nämlich Verluste durch Nesträuber, zu denen z.B. auch Eichhörnchen und Buntspecht gehören, bei der Fortpflanzungsrate von vornherein mit ein. Und außerdem machen sich Rabenvögel auch untereinander als Nesträuber Konkurrenz.

Links Die Dohle fand beim Abschreiten des Bodens etwas Fressbares.

Rechts Zwei Elstern – schöne Vögel mit leider schlechtem Ruf

Kleinsäuger: Von Stachelrittern, Auto- knackern und Schläfern

Igel – perfekt geschützt

Eigentlich hört man ihn mehr als dass man ihn sieht. Er faucht und grunzt und das kann sich in der Dämmerung richtig unheimlich anhören. Dazu ist er auch noch gefräßig: Katzenfutter? Eier? Erdbeeren? Tomaten? Er ist wirklich nicht wählerisch. Und auch wenn Menschen ihn tatsächlich entdecken braucht er nicht zu fliehen. Er rollt sich zusammen, stellt seine Stacheln auf und wartet ab. Er kann sich das leisten. Schließlich trägt er ein wehrhaftes Stachelkleid. Je nach Körpergröße besteht diese »Rüstung« aus 5000–7000 Stacheln. Bei Gefahr rollt er sich mit Hilfe eines dicken Muskelringes zu einer Stachelkugel ein und ist so rundherum uneinnehmbar wie eine Festung. In den ersten lauen Aprilnächten verlässt der Igel sein Winterquartier und streift wieder durch die Lande. Er hat es vor allem auf Regenwürmer, Insekten und Schnecken abgesehen. Aber auch kleine Wirbeltiere wie junge Mäuse, Jungvögel, Eidechsen, Frösche und selbst Schlangen schmecken ihm. Gegen das Gift der Kreuzotter scheint er gefeit zu sein.

Igelmutter am Nest

Links Bis auf ihre Hochzeit sind Igel meist einzelgängerisch unterwegs.

Rechts Der Igel lässt sich auf den Beutezügen hauptsächlich von seinem ausgezeichneten Geruchssinn leiten.

Gefährliche Streifzüge

Igel sind Einzelgänger und ihre Reviere sind groß. Auf ihren nächtlichen Wanderungen durch Siedlungen und Siedlungsrandlagen überqueren sie häufig Straßen oder suchen dort in feuchtwarmen, regenreichen Nächten auf der Teerdecke kriechende Regenwürmer. Die Schattenseite: Igel gehören neben Hauskatzen zu den häufigsten Wirbeltier-Opfern des Straßenverkehrs. Etwa eine Viertelmillion Igel lassen alljährlich auf unseren Straßen ihr Leben – allein 80 % davon im Randbereich von Siedlungen.

Kurzes Familienleben

Von April bis August wird bei den Igeln lautstark Hochzeit gefeiert. Nach 5–6 Wochen Tragzeit kommen dann ein- bis zweimal pro Jahr 3–10 Junge zur Welt, die bereits ein Stachelkleid tragen. Für die Mutter ist die Geburt gefahrlos, denn die Stacheln sind noch weich und in die Haut versenkt. Mit 14–18 Tagen öffnen die Kleinen die Augen, und mit frühestens drei Wochen verlassen sie – unter Aufsicht der Mutter – das Nest zu gemeinsamen Streifzügen. Igel finden auf kurz geschorenen Rasenflächen reichlich Regenwürmer, im Herbst auch Fallobst, Beeren und Pilze.

Vor dem Winterschlaf fressen sich Igel an herbstlichen Leckerbissen fett.

Igel gefunden – was tun?

Igel sind Vielfraße. Die Leckerbissen des Herbstes verspeisen sie in solchen Mengen, dass sie in nur drei Wochen ihr Gewicht verdoppeln können. Ist die Igelwampe dick genug und fällt die Temperatur längere Zeit unter 10 °C, sucht sich der Igel im späten September oder Anfang Oktober bereits ein sicheres Plätzchen, um sich im ausgepolsterten Nest zum Winterschlaf einzurollen. Bei Igeln, die nach Wintereinbruch bei Dauerfrost und Schnee noch draußen zu finden sind, und die weniger als 400 g Körpergewicht besitzen, handelt es sich häufig um kranke oder schwache Alttiere oder um Jungtiere, die spät geboren wurden, und noch kein ausreichendes Fettpolster besitzen.

Wer einen solchen Igel oder ein verletztes Tier findet sollte in jedem Fall einen Tierarzt oder eine Igelaufzuchtstation aufsuchen. Unterkunft und Futter allein helfen einem kranken oder verletzten Tier nicht. Im ersten Schritt sollte man unterkühlte Tiere wärmen, sie auf Verletzungen untersuchen und äußerliche Parasiten entfernen. Das Geschlecht wird bestimmt und schließlich dann ein Pflegeprotokoll angelegt. Als Futter gibt es Katzen- oder Hundefutter, Hackfleisch (kurz anbraten, nie roh, Ei (ebenfalls anbraten), Wasser zum Trinken (keine Milch!). Eine Kotprobe sollte man für weitere Untersuchungen aufheben. Und last not least braucht der Einzelgänger auch ein passendes Schlafhaus.

Der Freibeuter mit den sanften Augen

Bei Nacht sieht man sie bisweilen über Straßen und durch Gärten huschen. Katzen? Dafür sind sie zu klein. Es sind Steinmarder. Längst haben die kleinen Raubtiere mit der weißen Kehle und dem niedlichen Gesicht selbst Großstädte erobert. Bevorzugte Wohngebiete sind Scheunen, Schuppen, Dachböden oder Lagerhallen. Marder machen die Nacht zum Tag und verschlafen die hellen Zeiten. Wegen seines hoch begehrten Fells war der Steinmarder bei uns Anfang der 1950er Jahre sogar vom Aussterben bedroht. Dank sinkender Fellpreise und nachlassendem Jagdinteresse erholten sich die Bestände inzwischen wieder.

Tatort Hühnerstall

Der kleine Räuber hat eine Schwachstelle: Er liebt Eier über alles – da kann er nicht widerstehen! Passen in seinen Magen tatsächlich keine mehr hinein, legt er aus den überzähligen Eiern ein Depot an. Dazu trägt er die Eier oft über weite Strecken unversehrt (!) in seinem Maul. Auf diese Vorliebe für Eier gründet sich auch der schlechte Ruf des Steinmarders. Wo Hühner an den nächtlichen Eierdieb gewöhnt sind, läuft in der Regel alles glimpflich ab. Wenn aber der ganze Hühnerstall in helle Aufregung gerät, wird der Steinmarder unfreiwillig zum Killer. Nicht Mordlust, sondern schlichte Hilflosigkeit in diesem flatternden Tohuwabohu lässt ihn zum Hühnerkiller werden.

Der Steinmarder wird auch Weißkehlchen genannt. Sein Zweitname »Hausmarder« spielt auf seine Affinität zu Häusern mit Ställen – besonders mit Hühnern als Bewohnern – an.

Ein Autofreak?

Dass der Marder tatsächlich die Großstädte als Revier entdeckt hatte blieb lange unbekannt – bis ein findiger Polizist und nebenberuflicher Jagdaufseher im schweizerischen Winterthur die ersten Artgenossen als »Autoknacker« entlarven konnte. Nächtelang hatte sich Ruedi Muggler auf die Lauer gelegt um den Verursacher von Schäden an Dämmmaterialien, Autoschläuchen und Zündkabeln endlich zu fassen zu kriegen. Dann war das Geheimnis entdeckt. So weit so gut. Aber was in aller Welt bewog den Steinmarder, sich derart an den Autoteilen zu vergreifen? Langjährige Forschungen von Wildbiologen um Karl Kugelschafter an der Universität Gießen lieferten eine plausible Erklärung für diese »mutwillige« Zerstörung: Während der Balz tragen die Mardermänner über das Auto gelegentlich ihre Revierstreitigkeiten aus. Wird ein Auto mit den Duftmarken eines Rüden in das Revier eines anderen bewegt, sieht dieser sich aufgefordert, nicht nur dagegen »anzustinken«, sondern den Phantomrivalen auch mit Kratzen und Beißen zu attackieren. Dass es zudem in einem noch warmen Motorraum gemütlich sein kann, lernen die Jungmarder auf nächtlichen Streifzügen von ihrer Mutter – und zwar auf Kosten des Autoinnenlebens…

Der Autokabelschreck mit dem Unschuldsblick

Siebenschläfer bei der Apfelernte

Putzmuntere Schläfer

Ihr Name ist Verpflichtung: Die Bilche oder Schläfer sind ausgesprochene Langschläfer. Sieben-, Garten-, Baumschläfer und Haselmaus halten problemlos alle Rekorde, wenn es darum geht, wer am längsten Winterschlaf hält. Der ungekrönte König dabei ist der Siebenschläfer: Er geht schon im September/Oktober zur Ruhe und wacht erst im Mai/Juni wieder auf. Seine Schlafposition ist so charakteristisch, dass man sie inzwischen »Bilchlage« nennt: So klein wie möglich zusammengerollt, Kopf an den Bauch, die Pfoten an die Backen und dann wie einen warmen Schal den buschigen Schwanz um Kopf und Nacken gelegt. So wird die Körperoberfläche auf ein Minimum reduziert und wertvolle Energiereserven werden gespart. Und nicht zu vergessen: Vor dem Winterschlaf fressen sich alle Schläfer einen gehörigen Winterspeck an. Siebenschläfer können damit ihr Gewicht sogar verdoppeln.

Den Sommer genießen

Im Sommer sind Bilche ausgesprochen muntere Gesellen. Wenn Siebenschläfer nachts in Häusern ihr Unwesen treiben, ist an Schlafen nicht mehr zu denken. Pfeifen, Schmatzen, Knurren, Knirschen, Kratzen – solch einen Radau würde man den kleinen Zeitgenossen gar nicht zutrauen. Nur die Haselmaus hält sich an die Nachtruhe. Obstbäume und Nussgehölze decken den Tisch der Bilche oft reichlicher als der natürliche Wald. Wohnmöglichkeiten gibt es an und in älteren Gebäuden. Zudem finden Bilche auch in Nistkästen bestens geeignete Unterschlupfmöglichkeiten. Während sich die kleinste heimische Bilchart – die gelbbraune bis brandrote Haselmaus – in Wäldern, Parks, Feldhecken und Gebüschen heimisch fühlt und sich nur selten in Gebäude verirrt, dringt der Siebenschläfer

Haselmaus an Namen gebender Frucht

gerne bis in Wochenend- und Gartenhäuser vor. Der Gartenschläfer mag felsiges Gelände, besiedelt aber auch Obst- und Weinbaugebiete. Baumschläfer sind nur lokal verbreitet.

Alle Schläfer sind ortstreu. Zur Paarungszeit markieren sie ihr Revier mit Duftmarken als »chemische Haustürschilder« an ihren Quartieren in Nistkästen, kleinen Höhlen in Bäumen oder auch am Boden, die sie sich mit Moos und Laub einrichten. Trächtige und säugende Weibchen sondern sich meist von den anderen Artgenossen ab. Auch der Vater hat bei der Aufzucht der Jungen nichts zu suchen. Fühlt sich das Weibchen gestört, transportiert es die Jungen in ein neues Quartier.

Auf zu neuen »Ufern«

Alle Schlafmäuse sind ursprünglich Waldbewohner. Mit der Rodung der Wälder wurden ihre Überlebenschancen nicht nur beschnitten. Die Anlage von Bauerngärten verbesserte vielmehr die Lebensbedingungen mancher Arten. Die Speisekarte der Bilche ist recht umfangreich. Sie ernähren sich von Früchten, Samen, Knospen und Blättern, aber auch von Insekten, Schnecken und kleinen Wirbeltieren. Bei den größeren Bilcharten stehen auch höhlenbrütende Singvogelarten auf dem Speiseplan – und zwar sowohl die Eier als auch die Jung- und Altvögel.

Wie alle Bilche, rollt sich der Siebenschläfer zum Winterschlaf kugelig in »Bilchlage« ein.

Waschbär. Ein Amerikaner, der nicht in Paris, sondern in vielen deutschen Städten angekommen ist.

Natur entdecken
Zuwanderer

Neubürger – ein Gewinn?

Viele heimische Arten haben mit ihren Vorstößen in unseren Siedlungsraum teilweise Ersatz für verlorenen Lebensraum in der freien Landschaft gefunden. Daneben machen sich aber auch tierische Neubürger aus anderen Kontinenten bei uns breit und bringen damit manchmal das eingespielte Gleichgewicht unserer heimischen Tierwelt ganz gehörig ins Wanken.

Einer der erfolgreichsten Neozoen in Deutschland ist der Waschbär (*Procyon lotor*). Seinen Namen bekam er, weil er dabei beobachtet wurde, wie er Nahrungsteile mit den Vorderpfoten im Wasser bewegte, als ob er sie waschen wollte. Naturschützer sind zunehmend besorgt über die unaufhaltsame Ausbreitung dieses Zuwanderers. Waschbären sind gute Kletterer und geschickte Greifer und alles andere als wasserscheu. Deshalb sind vor ihnen selbst Vogelnester im Geäst oder in Nistkästen nicht sicher. Und sie fressen (fast) alles: Fische und Amphibien, vor allem Frösche und Kröten, besonders zur Zeit der Laichwanderung sowie Kleinsäuger, Vogeleier und Vögel. Oft dezimieren sie dadurch Bestände von stark gefährdeten Vogelarten. Auch was seine Wohnungen angeht macht der Waschbär wenig Federlesen. Schuppen, Dachböden, Zwischendecken – alles hervorragende Plätze, zu denen ein kleiner Einschlupf vollkommen ausreicht. Es muss nur einmal einem Waschbär gelungen sein, dort unterzukommen. Die Wohnungssuchenden der nächsten Generationen erkennen auch noch lange Zeit später, dass hier ein gutes Plätzchen zur Verfügung steht.

Ein Amerikaner in Europa

Ein weiterer Klassiker unter diesen Neozoen ist der Bisam (*Ondatra zibethicus*). Er wurde bereits 1905 wegen seines warmen Pelzes aus Alaska eingeführt. In der Freiheit vermehrte er sich schneller, als den Pelzfreunden lieb war und trat schließlich über jegliche Art von Wasserwegen seinen Siegeszug durch ganz Europa an. Bisams können sehr gut schwimmen und bis zu 10 Minuten unter Wasser ausharren. Sie leben in festen Familien und Rudeln. Als Unterschlupf bauen sie tiefe, lange Gänge mit Ausgängen unter Wasser und richten damit große wirtschaftliche Schäden an Ufer- und Deichbauten an.

Kleine Motte – große Schäden

Ein unscheinbarer Winzling mit umso größerer Wirkung ist die Rosskastanienminiermotte (*Cameraria ohridella*). Die Larven des aus Asien stammenden 5 Millimeter langen Kleinschmetterlings minieren zwischen der unteren und oberen Blattschicht und fressen das gesamte Gewebe zwischen den beiden Blattschichten. Besonders leidet die Weißblütige Rosskastanie. Die Rotblühende Rosskastanie wird ebenfalls befallen, wird dadurch aber weniger beeinträchtigt. Der Falter vermehrt sich extrem schnell und hat bei uns fast keine natürlichen Feinde.

Einwanderer aus Übersee

Sein Appetit auf Kartoffelpflanzen stößt beim Menschen auf wenig Verständnis. Im Gegensatz zum »Glücksbringer« Marienkäfer ist der attraktiv gestreifte Kartoffelkäfer als Schädling verschrien. Trotz aller Vorsichtsmaßnahmen schaffte er bereits 1877 den Sprung über den Atlantik und ist heute in ganz Europa verbreitet. Nach seiner Heimat in Colorado, USA, wird er auch Coloradokäfer genannt. Auf kleinen Anbauflächen, z. B. im Garten, können die Käfer und ihre auffälligen rosafarbenen, schwarz gepunkteten Larven gut abgesammelt werden. Wesentlich erfolgreicher bei der Jagd nach Larven und Käfern sind allerdings die Laufkäfer.

Links Der kaninchengroße Bisam verzehrt während der Vegetationszeit Pflanzenteile, im Winter leider auch seltene Maler- und Teichmuscheln in sehr großer Zahl.

Rechts Kartoffelkäfer. Er und seine Larven können ganze Kartoffelfelder abfressen.

Verstecke in Hecken

Eine artenreiche Hecke mit einem grünen Weg davor bietet Hecken- wie Offenlandnutzern viele Lebens- und Nahrungsmöglichkeiten.

Hecken – Leben im Grenzbezirk

Intakte Heckensysteme können bis zu 7000 verschiedene Arten beherbergen. Zwei Drittel unserer Reptilienarten leben in naturnahen Hecken, 50% aller heimischen Säuger, 20% aller Brutvögel und sogar rund 90% unserer Schlupfwespen – und das sind immerhin über 5000 Arten – finden in Hecken ein Zuhause. Hecken aus heimischen Wildsträuchern bieten vielfältige Lebensräume und Kleinklimazonen auf engstem Raum und können damit die Ansprüche der unterschiedlichsten Bewohner und Nutzer befriedigen. Viele Hecken bestehen aus idealen Futterpflanzen für Schmetterlingsraupen. Busch- und Bodenbrüter nisten gerne im Heckendickicht, Arten der offenen Landschaft suchen tagsüber gelegentlich darin Zuflucht. Schattenliebende Tiere finden immer ein geeignetes Plätzchen, Son-

Auch Balkonpflanzen bieten Wildtieren Nahrung.

nenanbeter kommen ebenso auf ihre Kosten. Nektar- und Pollenliebhaber finden reichlich Nahrung, Fallen stellende Spinnen wiederum profitieren vom Andrang der Blütenbesucher. Greifvögel beziehen auf Hecken ihre Ansitz- und Spähposten. Insekten, Gehäuseschnecken oder winterschlafende Kleinsäuger schlagen darin ihr Winterquartier auf.

Angebot und Nachfrage regeln die Zahl der Heckenbewohner. Natürlich werden wir in unserer Hecke nicht alle Tierarten vorfinden, sie stellt aber in jedem Fall ein reiches Angebot für die verschiedensten Nutzer zur Verfügung.

Hecken haben ihre beste Zeit im Herbst. Dann sehen sie besonders bunt aus. Der Farben- und Formenreichtum ihrer Blätter und Früchte ist so groß, als wollten sie sich gegenseitig an Schönheit übertreffen. Im dichten Gestrüpp herrscht darüber hinaus die meiste Zeit des Jahres »tierischer« Hochbetrieb.

Mäuseland

Mäuse lieben Hecken – gleich welcher Art. Sie suchen dort Schutz und Nahrung. Zirpen und Zwitschern aus dem Heckeninneren? Spitzmäuse, kleine Insektenfresser mit Raubtiergebiss, »unterhalten« sich im Unterholz. Vermutlich sind es Feldspitzmäuse. Sie sind viel geselliger als die eigenbrötlerischen Hausspitzmäuse, die sich lieber in stille Ecken zurückziehen. Beide Spitzmäuse nutzen Hohlräume unter Pflanzenteilen und im Boden, fühlen sich aber auch in Gangsystemen von Mäusen und in Maulwurf-Behausungen wohl. Sie vertilgen Insekten, Würmer, Schnecken und selbst junge Mäuse, lassen aber auch Aas nicht verkommen. Auch Wühlmäuse, Rötelmäuse und Langschwanzmäuse wie die Haus-, Wald- und Gelbhalsmäuse treiben sich unter den Hecken herum. Die kleinen Nager gehen keineswegs nur an Blätter, Kräuter, Samen oder Früchte. Auch Insekten, Schnecken und Würmer, selbst Aas, stehen auf ihrem Speiseplan. Ein bräunliches Mäuschen mit körperlangem Schwanz huscht wie ein Schatten an uns vorbei, stellt sich auf die Hinterbeine und hüpft wie ein Känguru mit großen Sätzen davon. Unsere »Springmaus« ist eine Waldmaus.

Links Obwohl sie die Maus in ihrem Namen trägt, hat die Hausspitzmaus aus der Insektenfresser-Sippe mit den Echten Mäusen als Nagetier so gut wie nichts gemein

Rechts Gelbhalsmäuse sind als Langschwanzmäuse dank ihrer »Balancierstange« gute Kletterer.

Es liegt was in der Luft

Ein Hermelin bekommt den lockenden Mäuseduft der echten Mäuse in die Nase. Schlangengleich windet es sich im Heckendickicht über Äste hinweg und zwischen Steinen hindurch. Hermeline sind Generalisten und schwärmen auch für Vögel, Insekten und Weichtiere. Dagegen hat sich ihr kleinerer Verwandter, das Mauswiesel, ganz und gar der Mäusejagd verschrieben. Dem kleinsten Raubtier der Welt ist es gleichgültig, wann seine Beute unterwegs ist oder wann sie sich im sicheren Bau zum Schlafen einfindet. Es verfolgt sie bis in ihre Ruhequartiere und durch sämtliche Gänge. Deshalb kann sich das Mauswiesel nicht leisten, Speck anzusetzen. Rund um die Uhr ist Jagdzeit, denn das hohe Energiebedürfnis will ständig befriedigt sein. Hat das Mauswiesel tatsächlich einer Mäusesippe den Garaus gemacht nutzt der flinke Mäusejäger häufig die Behausungen, um darin seine Jungen aufzuziehen.

Links Mauswiesel. Kleinster Raubsäuger der Welt mit Riesenhunger

Rechts oben Mauswiesel sind fast unablässig auf Beutesuche.

Rechts unten Mauswiesel mit Mausbeute

Biotope rund ums Haus

Balkone und Beete – Restaurants für Tiere

Wer seine Blumenkästen auf dem Balkon oder vor dem Fenster im Frühjahr mit Frühblühern bepflanzt, im Sommer für breit gefächerte Blütenkombinationen von Duftpflanzen über Wildblumen, Blüten vom Lippen- und Rachenblütlertyp sowie Gewürz- und Heilkräutern sorgt, kann mit Schmetterlings-, Bienen-, Hummel- und Fledermausbesuchern rechnen. Im Herbst gepflanzte Astern dienen dann

Links Rosenkäfer ernähren sich von den Staubgefäßen blühender Rosen und anderer Sträucher.

Rechts Auch Pinselkäfer ernähren sich von Blütenpollen.

nochmals den Schmetterlingen als Tankstellen. Ein »Fledermaus«-Beet im Garten verspricht Insektenreichtum in der Nacht und Feldermäuse als Profiteure dieses Falterreichtums. Nachtkerze, Weiße Lichtnelke, Nachtviole, Stechapfel, Wegwarte, Echtes Seifenkraut und viele Arten von Küchenkräutern, von Majoran, Minze, Melisse, Boretsch, Salbei und Schnittlauch bis Thymian verschaffen Fledermäusen eine schmackhafte (Insekten-)Nahrung.

Ein grünes Kleid fürs Haus

Ein Pflanzenkleid verschönert die Hauswände nicht nur mit seinen Blättern, Blüten und Früchten. Es filtriert auch die Luft, dämmt den Schall, bringt im Sommer Kühlung und wirkt im Winter wärmeisolierend. Ganz abgesehen davon, bieten begrünte Hauswände zusätzliche Nahrungsangebote, Unterschlupf- und Brutmöglichkeiten.

Fassadengrün ist recht anspruchslos, kommt mit wenigen Handbreit Boden aus und kostet meist auch nicht viel. Welche Wand für welche Kletter-, Schling-

Pflanzen können Hauswände verschönern und isolieren sowie Tierarten zusätzlichen Lebensraum bieten – und uns zusätzliche Erlebnisse.

und Rankgewächse am besten geeignet ist, hängt vor allem vom Standort, der Himmelsrichtung, der Bodenbeschaffenheit und der Gebäudegröße ab. Auch sollte man darüber nachdenken, wie schnell und wie vollständig die ausgewählte Wand zuwachsen soll. Schließlich ist noch wichtig, ob Rankhilfen für die Pflanzen oder aus »Wandschutzgründen« erforderlich sind. Die zusätzliche Isolierwirkung einer Wandbegrünung nutzt man am besten, wenn immergrüne Arten an Nord-, West- oder Ostseite gepflanzt werden. Für die Südseite nimmt man gerne sommergrüne Arten, die ihr Laub im Herbst abwerfen und danach die Wintersonne die jetzt kahle Fassade aufheizen kann. Wenn alles klappte, werden sie Einzug halten ins neue, grüne Reich: eine ganze Insektenschar sowie Vögel und Fledermäuse als Grünfassadenbewohner oder Nahrungsgäste. Eine beträchtliche Anzahl von Vogelarten können wir dabei beobachten, wie sie die Beeren unseres Wilden Weines verzehren. Die blauschwarzen Efeubeeren sind bei Amsel, Star, und Kernbeißer heißbegehrt. Die dichte Wandbegrünung wissen Zaunkönig, Hausrotschwanz, Grünling, Grauschnäpper und Amsel als Nistplatz zu schätzen. Die Natur für ein natürliches Gleichgewicht unter den Bewohnern: Spinnen leben von Mücken und Fliegen, Vögel wiederum verfüttern die Insekten an ihre Jungen.

Links oben Zwergfledermaus. Sie hat gerade ihr Spaltenquartier hinter der Holzverschalung verlassen und beginnt den Jagdflug.

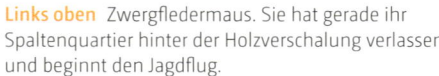

Links unten Zwei Langohren haben sich zum Tagesschlaf in ihrem Spaltenquartier versteckt und dabei die riesigen Ohren zurückgelegt und unter ihre Flügel geklemmt.

Rechts Bewohnte und bewohnbare Burgen und Schlösser (hier: Marburger Schloss) bieten Fledermäusen gute Quartiermöglichkeiten – auf Dachböden, in Spalten an und im Gebäude oder in Gewölbekellern.

Natur erleben
Eine Sommernacht auf der Burg

Mysteriöse Lichtzeichen, seltsame Laute, wunderbare Gesänge – in lauschig-warmen Sommernächten bietet die Natur viel fürs Ohr und fürs Gefühl. Besonders romantisch und auch spannend wird es, wenn wir zu dieser Jahres- und Tageszeit eine Burg besuchen. Dort bekommen wir mit etwas Entdeckerglück die ganze Bandbreite einer Sommernacht – von der Romantik bis zum angenehmen Gruseln – geboten....

(Denkmal)schutz für viele Arten

Viele historische Gebäude, ob Kirchen, Schlösser, Burgen oder Fachwerkhäuser, sind aufgrund ihrer Bauweise besonders wertvolle Lebensräume für bestimmte Tier- und Pflanzenarten. Im Dachgestühl finden besonders die Fledermausarten, die im Sommer freihängend am Gebälk große Wochenstubengesellschaften bilden, hervorragende Bedingungen. Burgruinen mit ihren Nischen in den hohen Türmen werden gerne von Wanderfalken als Brutplatz genutzt. In anderen Nischen brüten Turmfalken und Dohlen. Zugängliche Dachstühle sind auch geeignete Brutplätze für Eulen und Mauersegler und Winterquartiere für Insekten.

Die Breitflügelfledermaus stößt wie die meisten Glattnasenfledermäuse ihre Echoortungsrufe im Flug mit geöffnetem Mund aus.

Im Dunkeln auf Jagd

Burgen mit ihrem meist alten Baumbestand als Allee und um die Anlage, sind günstige Plätze zu Fledermausbeobachtung. Noch eindrucksvoller wird das Erlebnis, wenn wir bei unserer Exkursion zu Dämmerungsbeginn und in die Nacht hinein noch einen Fledermausdetektor als »Hörhilfe« mitnehmen. Während die Breitflügelfledermaus gerne in langsamem Flug Baumwipfel oder Laternen umkreist, können Langohren rüttelnd im Flug stehen und selbst ruhende Falter absammeln. Die seltene Bechstein-fledermaus ist besonders an das Waldleben angepasst, jagt aber auch schon einmal in gaukelndem Flug nach »Garteninsekten« in Parks. Der Große Abendsegler jagt nur hoch oben im freien Luftraum. Sein Flugstil erinnert an den der Mauersegler. Die kleine Zwergfledermaus ist sicher die regelmäßigste Besucherin an Gebäuden. Äußerst ge-schickt und wendig umfliegt sie auch dicht stehende Sträucher und Bäume. Doch nur dort, wo sich das Jagen auch wirklich lohnt, halten sich die Flugakrobaten länger auf.

Zwergfledermäuse – winzige Hausbesetzer

An der Hauswand des Burggebäudes direkt unter dem Giebel rührt sich was! Als wir zufällig gegen die angestrahlte Hauswand blicken, sehen wir, wie sich kleine Schatten unterhalb des Giebels von der Holzverblendung lösen, um rasch mit dem Dunkel der Nacht zu verschmelzen. Fledermäuse? Unterhalb des Einschlupfes finden wir Kotkrümel. Einige kleben direkt an der Einschlupfspalte, und am Boden liegt ein abgestürztes Jungtier. Es ist ganz sicher: Hier wohnt eine Wochenstubengesellschaft der Zwergfledermaus.

Je enger, je lieber

Die Zwergfledermaus ist nicht nur unsere kleinste, sondern auch die am weitesten verbreitete Art. Sie hat sich inzwischen gut mit den veränderten Bedingungen unserer Kulturlandschaft arrangiert. Die winzigen Tiere, die erwachsen kaum schwerer als ein Stück Würfelzucker sind, zwängen sich gerne in Spalten und Hohlräume von Gebäuden jedweder Art; auch hinter Holzverkleidungen und in Rolladenkästen fühlen sie sich richtig wohl! Ein Raum in der Größe eines Telefonbuches bietet problemlos nicht weniger als 50 Fledermäusen Platz. Dabei bevorzugen die Männchen eher das Singledasein, während die Weibchen sich zu Verbänden von 50 und mehr Tieren zusammenschließen. In solchen Wochenstuben werden im Juni die Jungen geboren, die die Weibchen dann gemeinsam aufziehen.

Unruhige Nächte

Zwergfledermäuse jagen in der Dämmerung rund um ihr Tagesschlafquartier. In schnellem Zick-Zack-Flug werden Mücken, Köcherfliegen und kleine Falter geortet, verfolgt und verzehrt. Haben die Winzlinge die heimatlichen Gefilde abgegrast, wechseln sie in ein angrenzendes Gebiet über. So können sie während einer Nacht bis zu 5 km weit fliegen, um an benachbarten Waldrändern oder Gewässern ihren Hunger zu stillen. Im Morgengrauen kehren sie wieder zurück und umschwärmen noch einmal »ihr« Wohnhaus, bevor sie sich zum Verdauungsschlaf in ihre Behausung zurückziehen.

Glühwürmchen flimmere …

Unvermittelt blitzen schwache Lichter hier und da im Dunkel auf: Glühwürmchen machen ihrem Namen alle Ehre. Ihr Leuchten weckt romantische Gefühle. Und das nicht von ungefähr: Über diese Leuchtsignale finden die Leuchtkäfer der Familie Lampyridae im nächtlichen Garten zueinander. Im Volksmund heißen sie »Glühwürmchen«, weil die ungeflügelten Weibchen nicht wie typische Käfer, sondern eher wie Würmer

aussehen, unscheinbar und grau. Nachts leuchten bestimmte Körperteile der Käfermänner und -frauen. Spezielle Leuchtorgane erzeugen das kalte grünliche Licht. Dabei handelt es sich um Drüsen, die zwei Stoffe erzeugen und speichern: das Luziferin und die Luziferase. Während sich Luziferin mit Sauerstoff in Oxyluziferin verwandelt, wirkt das Enzym Luziferase als organischer Katalysator und bringt das Oxyluziferin zum Leuchten. Sogar die Leuchtkäferlarven beherrschen diesen Leuchttrick schon im Ei. Bei uns kommen vor allem zwei Arten vor, das Johanniswürmchen und seltener auch der Große Leuchtkäfer.

Links Große Mausohren verlassen nach Einbruch der Dunkelheit zur nächtlichen Jagd ihr Wochenstubenquartier

Rechts Die Kleine Hufeisennase hängt immer frei an der Decke ihres Quartiers und hüllt sich zum Winterschlaf komplett in die Flughäute ein.

Nachtschwärmer

Schwärmer, Spinner, Glucken, Eulen, Spanner – so lauten die Familiennamen der Nachtfalter, einer bemerkenswert verschiedenartigen Faltergruppe. Allen gemeinsam ist eigentlich nur, dass ihre Fühlerenden nicht keulig verdickt sind und sie ihre Flügel in Ruhehaltung nicht senkrecht über dem Rücken zusammenlegen. Die meisten Arten sind ausschließlich im Dunkeln unterwegs. Den Tag verbringen sie gut getarnt in sicheren Schlupfwinkeln. Gegen ihre nächtlichen Fressfeinde wie Spinnen, Fledermäuse und den Ziegenmelker haben sie einige Tricks auf Lager: Sie verlassen sich entweder auf ihre Tarntracht, oder sie signalisieren ihren Feinden mit auffälligen Warnfarben, dass sie ungenießbar sind. Werden sie doch erwischt können sie sich dank ihrer schlüpfrigen Schuppen manchmal noch losreißen oder sich aus einem Spinnennetz befreien – ähnlich wie uns ein Stück Seife aus der Hand rutscht.

Links Die Schönen der Nacht. Nesselzünsler fliegen in zwei Generationen im Jahr. Die Raupen leben vorwiegend von Brennnesseln.

Mitte Mittlerer Weinschwärmer. Seine Raupe lebt oft an Fuchsien in Pflanzkübeln.

Rechts Das Kleine Nachtpfauenauge fliegt bei uns von Anfang März bis Juni.

Gleichwertige Gegner?

Unsere Fledermäuse sind zweifellos die gefährlichsten Feinde der Nachtfalter. Die Flugsäuger orten ihre Beute mittels Ultraschall. Um ihren Verfolgern zu entkommen, stoßen Nachtfalter eigene Laute aus, die wie Störsender funktionieren, d. h. die Echoortung der Fledermäuse behindern, oder sie vor dem schlechten Geschmack der Schmetterlinge warnen. Einige Nachtfalter können die Ortungslaute der herannahenden Jäger hören und sich noch rechtzeitig in die Vegetation flüchten.

Eben noch hat ein Nachtfalter seine Bahnen um eine Straßenlaterne gezogen, um urplötzlich in Spiralen und Loopings nach unten wegzutauchen. Sekunden später taucht eine Fledermaus im Lampenschein auf. Dank seiner »offenen Ohren« hat der Nachtfalter die Jägerin rechtzeitig bemerkt. Mit den »Insektenohren« können

Schwammspinner. Hübsch aber nicht unproblematisch. Seine Raupen können bei Massenbefall Bäume, vor allem Eichen, fast völlig entlauben.

Nachtfalter Fledermausrufe im Ultraschallbereich hören. Sie sind meist so gut, dass ihre Besitzer zwischen starken und schwachen Signalen unterscheiden und somit die Entfernung ihres Feindes einschätzen können. Das ergibt einen Vorteil des Gejagten vor dem Jäger: Nachtfalter können Fledermausrufe aus 20 bis 40 Metern Entfernung hören, die Fledermaus muss noch auf das Echo des angepeilten Insekts warten, denn ihre Peilrufe legen die doppelte Strecke zurück, nämlich Fledermaus-Insekt-Fledermaus. Manche Fledermäuse lokalisieren ihre Insektenbeute allein anhand von deren Lautäußerungen – Krabbelgeräusche oder die Verständigungssignale der Insekten untereinander. Nachtfalter wiederum, wie zum Beispiel schlecht schmeckende Bärenspinnerarten, signalisieren den Verfolgern ihre Ungenießbarkeit durch Klicklaute.

Herbstfarben

Im Herbst zeigen sich Hecken und Laubbäume noch einmal von ihrer besten Seite. Fast könnte es scheinen, als wollten sie sich im Farben- und Formenreichtum ihrer Blätter und Früchte gegenseitig übertreffen. »Indian Summer« und »Goldener Oktober« bringen uns zum Schwärmen – und Ausschwärmen in die Natur, die Herbstfarben und -sonne in vollen Zügen genießend. Und doch steht der Winter schon vor der Tür: Es ist Zeit für Menschen und Tiere, sich aus der Fülle des Angebots an Früchten, Beeren und Gemüse noch einen Wintervorrat anzulegen.

Wildkaninchen

Wildkaninchen mit ihren kurzen Ohren, dem runden Gesicht und den großen Knopfaugen sind die Stammeltern unserer Hauskaninchen. Einst waren sie auf die Iberische Halbinsel und Nordwestafrika beschränkt. Seit dem Altertum wurden sie vom Menschen als beliebtes Jagdobjekt über die ganze Welt verbreitet. Wildkaninchen nisten sich in manchen Gegenden durchaus gerne in Gärten und Siedlungen ein. Sie lieben leicht hügeliges Gelände mit Sandboden und trockenes Klima. Im Gegensatz zum Feldhasen treten sie in Herden auf und entwickeln – anders als Meister Lampe – eine ausgeprägte Grabe- und Wühlaktivität.

Die Jungs vom Wühltrupp

Die geselligen Tiere graben weitverzweigte unterirdische Gänge mit Kesseln in fast 3 m Tiefe. Ihr Reich erstreckt sich in einem Umkreis von etwa 80 m rund um den Bau und wird mit Duftstoffen und Kotpillen gegen andere Clans abgegrenzt. Bei drohender Gefahr trommeln die Tiere mit den Hinterbeinen auf den Boden, um ihre Familienmitglieder zu warnen. Ihr typisches Hoppeln wird bei der Flucht zum schnellen Kurzstreckenlauf in den schützenden Bau, kombiniert mit Hakenschlagen zum Abschütteln von Verfolgern.

Links Kaninchen graben weitverzweigte Baue.

Rechts Die meisten Kaninchen sind bräunlich gefärbt, einige auch hellgrau.

Was sich liebt...

Eine Kaninchensippe unterliegt einer strengen Rangordnung und besteht aus einem Männchen, mehreren Weibchen und der zahlreichen Nachkommenschaft. Zur Fortpflanzungszeit gehen die Männchen häufig auf Grenzpatrouille; wo diese Einschüchterungstaktik nicht ausreicht, kommt es zu Raufereien. Die Weibchen werden umworben, indem die Herren sie steifbeinig umkreisen, ihre »Blume« zeigen und sie mit Sexualduftstoffen »betören«. Nach dem kurzen, heftigen Geschlechtsakt fällt das Männchen – auch Rammler genannt - seitlich um und bleibt einige Sekunden reglos liegen.

Kleine Klopfer – große Plage

Der sprichwörtlichen Vermehrungsfreudigkeit der Kaninchen werden weder tierische noch menschliche Jäger Herr. Meist besteht ein Wurf aus 5-6 Jungen, es können jedoch auch bis zu 13 sein. In Australien haben die dort eingeführten Kaninchen keine natürlichen Feinde und haben sich zur regelrechten Landplage entwickelt.

Das Kaninchenleben spielt sich in Großfamilien ab.

Zugvögel – Ab in den Süden

Unter Zugvögeln versteht man jene Vogelarten, die sich im Winter an einem anderen Ort aufhalten als im Sommer. Weltweit sind jährlich schätzungsweise 50 Milliarden Zugvögel unterwegs, davon pendeln etwa fünf Milliarden zwischen Europa und Afrika (Langstreckenzieher). Die meisten unserer Insektenfresser wie Schwalben, Mauersegler, Kuckuck, Neuntöter oder Rohrsänger zählen zu den Langstreckenziehern. Diese Arten leben somit ganzjährig in warmen Klimaten, ohne einen Winter zu kennen. Manche Arten, ziehen in Etappen und legen dabei mittlere Zugstrecken zurück (Mittelstreckenzieher, z.B. Zilzalp, Drosselarten), wieder andere ziehen von Mitteleuropa nach Südeuropa (Kurzstreckenzieher). Ein solcher Vertreter ist z.B. der Hausrotschwanz. Ein Grund, im Sommer nach Norden zu ziehen, sind die langen Tage, welche die Zeit zur Futtersuche verlängern und so die Aufzucht der Jungen begünstigen.

Diese Seite Große Starenschwärme, die sich oft über Gewässern sammeln, markieren den beginnenden Herbst.

Rechte Seite Kuckuck. Er wird nach seinem Ruf genannt. Unser einziger Brutparasit legt seine Eier in fremde Nester und lässt so die Jungen von Wirtseltern aufziehen. Zum Überwintern fliegt er nach Afrika südlich des Äquators.

Pfuhlschnepfe. Bei uns an der Küste sehr häufiger
Durchzügler und Wintergast

Reiseproviant

Vor ihren weiten Reisen legen sich Zugvögel gehörige Fettpolster zu. Nicht selten
verdoppeln sie ihr Körpergewicht. Fett ist der ideale »Treibstoff«, um den extre-
men Belastungen gewachsen zu sein. Es lässt sich nämlich vollständig zu Energie,
Kohlendioxid und Wasser abbauen – ist also sehr ergiebig. Und mit dem Wasser
können die Vögel sogar weitgehend ihren Flüssigkeitsbedarf decken. Deshalb sind
sie selbst bei der Durchquerung von Wüsten nicht auf wasserreiche Oasen angewiesen: Sie haben stets ihre »Feldflasche« mit »an Bord«.

Wenn ihnen das Platz- und Nahrungsangebot in unserem Garten zusagen
kehren im Herbst zahlreiche Zugvögel in unserem Wohnumfeld ein, um sich auf
ihrem Weg gen Süden zu stärken.

Orientierung

Um auf ihrer langen Reise nicht die Orientierung zu verlieren, nutzen die Vögel einen Magnetsinn, der sich am Erdmagnetfeld orientiert. Ob sich Zugvögel auch nach Sternenkonstellationen richten, ist nicht eindeutig geklärt, da sie auch innerhalb von Wolken ohne Blickkontakt zum Himmel oder zur Erdoberfläche fliegen. Um die Zugvogelbewegung beobachten und studieren zu können, werden Vögel stichprobenartig beringt.

Langstreckenrekord

Im Herbst 2007 flog eine – mit einem Sender ausgestattete – Pfuhlschnepfe 11.500 Kilometer nonstop von Alaska nach Neuseeland. Sie hält damit den Flugweitenrekord für Zugvögel.

Links Admiral. Wenn er die Flügel im Sitzen zusammenklappt, verschwinden seine auffälligen »Rangabzeichen«

Rechts Der Fitis ist Langstreckenzieher und bei uns von April bis Oktober zu Hause.

Admiral – der Zugvogel unter den Schmetterlingen

Zu den »Wandervögeln« gehören auch einige Schmetterlinge, die manchmal Flugwege von 1000 km in Kauf nehmen. Einer von ihnen ist der Admiral. Wie die Rangabzeichen eines Admirals auf den Schulterklappen, prangen die weißen Flecken auf dunklem Untergrund in den Spitzen der Vorderflügel dieses Wanderfalters. Jedes Jahr fliegen die Admiräle von Nordafrika bis nach Skandinavien. In lockeren Verbänden überqueren sie dabei Alpenpässe, um sich an ihrem Ziel fortzupflanzen. Bevor uns die »Admiräle« gen Süden verlassen, saugen sie gerne an gärendem Fallobst.

Erdkröte. Gullys können für wandernde Amphibien
zu tödlichen Fallen werden.

Natur entdecken
Krötenwanderung – auf dem Rückweg

Als wechselwarme Tiere sind Kröten, wie alle ihre amphibischen Artverwandten und
die Reptilien, gezwungen, den Winter an Plätzen zu verbringen, deren Temperatur und
Luftfeuchte weitgehend gleich bleibt. Nur dann überstehen sie die Winterruhe unbe-
schadet. Deshalb machen sich Amphibien im Herbst auf die Suche nach einem passenden Winterversteck. Das geschieht meist nachts, weil da die höhere Luftfeuchtigkeit
die Tiere vor dem Austrocknen schützt. Nicht abgedeckte Gullys entlang der Straßen
und Lichtschächte am Haus sind für sie Todesfallen. Darin verhungern, vertrocknen
oder erfrieren Amphibien, weil sie ohne menschliche Hilfe nicht mehr herauskommen.
Garten- und Hausbesitzer sind jetzt besonders gefordert, Gullys und Lichtschächte
mit feinmaschigen Netzen abzudecken, damit die Tiere nicht hineinfallen können.

Kreuzkröten. Im Gegensatz zu anderen Kröten laufen sie mäuseähnlich schnell.

Falls schon Tiere in so einer Falle sitzen, sollten wir ihnen vorsichtig heraushelfen. In warmen Herbst-Regennächten gibt es auch richtige Froschmassaker auf den Straßen. Besonders gefährdet sind die langsam wandernden Kröten. Um eine Straße von normaler Breite zu überqueren, braucht eine behäbige Erdkröte schon mal mehr als eine Viertelstunde. Deshalb gilt:Fuß vom Gas beim Autofahren! Auf den herbstlichen Straßen ist langsames Fahren der beste Artenschutz!

Winter unter Eis

Amphibien können an Land oder im Wasser überwintern. Während Erdkröten immer nur bis in die Nähe des Laichplatzes ziehen, wandert ein Teil der Grasfrösche bis ins Laichgewässer hinein. Eigentümlicherweise nehmen kurz vor der Winterruhe einige Arten ihre Rufaktivität wieder auf. Vor allem vom Grasfrosch sind zur Herbstzeit richtige Chöre im Gewässer zu hören. Die Tiere sind in dieser Zeit zwar von ihrem Verhalten her, nicht jedoch physiologisch paarungsbereit. Grasfrösche, Wasserfrösche sowie alle Molcharten überwintern zum Teil im Wasser. Recht gut lässt sich diese Phase beim Grasfrosch beobachten, da im Herbst viele erwachsene Tiere eine Wasserstelle mit genügend Sauerstoffversorgung aufsuchen, etwa einen Bach oder den Ein- und Ausfluss eines Weihers. In kleinen, zu- und abflusslosen Gewässern enden Überwinterungsversuche oft fatal. Unter der Eisdecke des passenden Gewässers überwinternde Tiere sind gar nicht so träge, wie zu vermuten. Sie schwimmen recht aktiv herum und beginnen bereits im Januar unter dem Eis mit Paarungen.

Reich gedeckter Tisch

Jetzt im Herbst erheben auch unsere tierischen Mitbewohner Anspruch auf das reichhaltige Angebot an Beeren, Samen, Obst und Gemüse in unseren Gärten und Obstwiesen. Da Teilen nicht nur Kindern schwer fällt, lassen wir die Naschmäuler jedoch meist erst bedenkenlos gewähren, nachdem die eigene Ernte eingefahren ist.

Haselmaus. Unser kleinster Bilch ist klettergewandt und sehr vernascht.

Fruchtige Leckerbissen

Einige Früchte hängen so weit oben im Baum, dass wir nicht an sie heranreichen. Andere wiederum bleiben als Fallobst oft von uns unbeachtet liegen. Auch wenn das Obst den handelsüblichen Bestimmungen längst nicht mehr genügt, so finden diese Restposten bei Tieren noch bis tief in den Winter hinein reißenden Absatz. Immer wieder fliegen verschiedene Vögel bereits schrumpelige Äpfel oder Pflaumen an und picken sich ein Stückchen Fruchtfleisch heraus. Neben diesen Beständen sind auch die Früchte heimischer Sträucher wichtige Futterquellen der bei uns überwinternden Vogelschar.

Stare mögen reifes Obst.

Auch Bilche, Steinmarder und Rotfüchse finden Geschmack an süßen Früchten. Die Reste der vorangegangenen Mahlzeit – etwa Obstkerne – können wir noch in ihren Hinterlassenschaften entdecken.

Haben Äpfel und Birnen kleine Öffnungen, aus denen braune Krümel rieseln, sitzt die Raupe des Apfelwicklers, eines Schmetterlings, im Kerngehäuse.

Die Larven des Haselnussbohrers entwickeln sich im Inneren von Haselnüssen. Sobald die Larven sie ausgefressen haben, fallen die Nüsse zu Boden. Um ins Freie zu gelangen, nagen die Larven ein winziges Loch in die Schale. Bei der Nussernte erleben wir dann so manche Überraschung: Einige Nüsse entpuppen sich als »Nieten«.

Distelfink-Schwarm an Nahrungsquelle

Clowns zu Besuch

Die Frucht- und Samenstände von Gräsern und Disteln in unserer wilden Gartenecke oder auch Sonnenblumen helfen Körnerliebhabern und Samenverzehrern über den Winter. Wie bunte Farbtupfer wirken die Distelfinken unter den gedeckten Spätherbstfarben. Sie haben es auf Sonnenblumenkerne oder – wie ihr Name schon sagt – auf Distelsamen abgesehen. Scharenweise suchen sie jetzt die Gärten danach ab. Ihre clownhafte Maskerade – die knallrote Gesichtsmaske, der ansonsten schwarz-weiße Kopf und die leuchtend gelben Flügelspiegel – macht diese Finkenvögel unverwechselbar. Ihren Zweitnamen Stieglitz verdanken sie ihrem Flugruf »stigelitt«. In wellenförmigem Flug nähert sich ein Distelfink jetzt der Distelecke, landet auf einem Distelkopf und nimmt den Samenstand gründlich auseinander. Je nach Stängeldicke wenden Distelfinken unterschiedliche Techniken an, um an ihre Nahrung heranzukommen. Auf kräftigen Pflanzenstängeln landen sie obenauf. Dünne Stängel fliegen sie von unten an und erklimmen sie

Distelfink. Bunt wie kaum eine andere unserer Vogelarten

Schritt für Schritt solange, bis sie sich schließlich unter dem Gewicht der Vögel waagerecht stellen oder ganz bis zum Boden durchbiegen. Noch dünnere Stängel umklammern sie zu mehreren, damit sie ihr Körpergewicht tragen. Was ihre Fressgewohnheiten betrifft, so tun es Distelfinken den Meisen gleich: Mit dem Kopf zuunterst, turnen sie auf Distelköpfen herum und suchen sie nach Samen ab. Aber auch wenn sie die Disteln noch so gründlich abernten – es bleiben immer noch genug Samen zur Vermehrung übrig.

Distelfinken sind Teilzieher, d. h. nur ein Teil von ihnen verbringt den Winter in südlichen Ländern, der Rest bleibt in Westeuropa. Im Winter sehen wir sie daher nur selten in unseren Gärten.

Vom Sammeln und Horten

Winterliche Nahrungsengpässe lassen sich mit Vorräten aus besseren Zeiten überbrücken. Während vor allem Winterschläfer, aber auch viele andere Säuger, ihre »Speisekammern« in Form von Fettpolstern mit sich herumschleppen, sammeln manche Tiere Futter und lagern es in echten Vorratskammern.

Hierbei übernehmen Nistkästen häufig eine Mehrfachfunktion. Wenn wir diese im Herbst reinigen, finden wir darin gar nicht so selten Bucheckern, Eicheln oder Haselnüsse, im Frühjahr die entsprechenden Schalenreste. Denn Wald- und Gelbhalsmäuse tragen die Früchte gerne an geschützte Orte, um sie dort entweder gleich zu verspeisen oder aber einen Vorrat davon anzulegen.

Wer suchet, der meistens findet

Links Kastanienfrüchte locken Eichhörnchen an.

Rechts Zum Nussknacken entwickeln Eichhörnchen spezielle Techniken.

Von allen Vorratssammlern lassen sich Eichhörnchen noch am ehesten beobachten. Im eigenen Garten oder im nahegelegenen Park turnen sie in Sträuchern und Bäu-

men herum und decken sich für den Winter mit Nadelbaumsamen, Bucheckern, Eicheln und Haselnüssen ein. Daneben mögen Eichhörnchen auch Walnüsse, Hainbuchensamen, Ross- und Edelkastanien, verschiedene Beeren, Pilze, Vogeleier, Jungvögel und Schnecken. Außerdem nagen sie Rinde, Knospen und junge Triebe an.

Samen und Nüsse tragen sie einzeln im Maul fort. Teils vergraben sie ihren Vorrat im Boden oder verstecken ihn in Baumhöhlen, teils klemmen sie ihn in Rinde oder Astgabeln. Mit Pilzen verfahren sie nicht anders: Der Zoologe Gauckler beobachtete einmal, wie ein Eichhörnchen innerhalb von zwei Stunden in einem Umkreis von 50 m ungefähr 35 Schirmpilze pflückte, sie einzeln zu einer 10 m hohen Tanne trug und dort in Astgabeln deponierte. Eichhörnchen vergraben ihre Sämereien in der Gegend verstreut, dicht unter der Erdoberfläche – und zwar möglichst so, dass Eicheln, Bucheckern oder Nüsse die Wurzeln oder den Stamm eines Baumes berühren. Die Verstecke lernen sie nicht etwa auswendig; sie finden sie wieder, indem sie geeignete Stellen systematisch danach absuchen. Dabei hilft dem putzigen Vorratssammler sein ausgezeichneter Geruchssinn, der ihn beispielsweise aus 30 cm Entfernung zielsicher zu einem einzelnen Haselnusskern im Boden leitet. Wo Eichhörnchen oder andere Schleckermäuler ihre verborgenen Nahrungsschätze nicht heben konnten, keimen die Samen aus und wachsen nicht selten zu Bäumen heran.

An die Nadelbaumsamen gelangt das Eichhörnchen durch Abknabbern der Schuppen von den Zapfen.

Der Gärtner des Waldes

Der Eichelhäher ist das ganze Jahr über damit beschäftigt, Nahrungsdepots für den Winter anzulegen. Sobald die Eicheln reif sind, beginnt er gezielt diese zu horten und ist bis zu 10 Stunden täglich vollends mit dem Sammeln beschäftigt, wobei er Strecken von bis zu 8 km zurücklegt. Bis zu 12 Eicheln stopft er in seinen Kropf und fliegt damit – meist noch mit einer Eichel im Schnabel – zu seinen Verstecken,

Links Der Iltis trägt eine gelblich weiße Gesichtsmaske. Seine domestizierte Form, das Frettchen, wird zum Kaninchenfang und zur Rattenjagd eingesetzt.

Rechts Eichelhäher sammeln und verstecken Nussfrüchte für den Winter.

wo er die Eicheln in Grüppchen von 2-3 Stück deponiert. Zwischen Wurzeln, in Rindenspalten, unter Laub oder im Boden verbirgt der lautstark rätschende Vogel mit dem auffallend bunten Gefieder und den hellblau-schwarzgebänderten Flügeldecken seine Wintervorräte. Neben Eicheln sammelt er auch Haselnüsse und Bucheckern. Pro Saison kommt ein einzelner Vogel auf ca. 3000 Eicheln (15 kg). Später orientiert sich der Eichelhäher an Fixpunkten in der Landschaft und findet die meisten seiner Verstecke so auch unter einer Schneedecke erstaunlich zielgenau wieder. Die meisten, jedoch längst nicht alle. Aus den übrigen kann ein ganzer Wald nachwachsen. Dieses Verdienst brachte dem Eichelhäher schon das Prädikat »Gärtner des Waldes« ein. Im Zusammenhang mit Walderhaltung und -ausdehnung genannt zu werden, steht dem Eichelhäher allemal eher zu, als zum Vogelmörder abgestempelt zu werden.

Frischfleischdepots

Auch der Maulwurf möchte in der kalten Jahreszeit nicht hungern. Deshalb fängt er rechtzeitig vor Wintereinbruch große Mengen Regenwürmer, lähmt sie durch einen Biss in das Vorderende und deponiert sie in seinen Gängen. In solch einem Maulwurfdepot wurden schon sage und schreibe 287 Regenwürmer mit einem Gewicht von insgesamt 820 g gezählt!

Der nachtaktive Iltis lässt sich selten blicken. Man sagt ihm nach, dass er seine Beute – vor allem Frösche und Kröten – durch einen gezielten Biss ins Rückgrat lähmt, sie in sein Versteck schleppt und sich dort einen lebendigen Fleischvorrat anlegt. Doch neueren Untersuchungen zufolge geschieht diese Vorratshaltung nicht mit Bedacht, sondern vermutlich rein zufällig. Der Iltis ist ein »Stöberjäger«. Er jagt Beutetiere, wann immer sich ihm eine Gelegenheit bietet – nicht nur, wenn er Hunger hat. Es kann schon einige Zeit verstreichen, bis er sie dann endlich verzehrt. Frösche und Kröten fängt er auf besondere Weise: Er beißt sie nicht tot, sondern er walkt die oft giftigen (Hautgifte!) Amphibien mit seinen Vorderpfoten tüchtig durch, bevor er sie in sein Versteck transportiert. Dort bleiben sie im Winter wegen der niedrigen Temperaturen regungslos liegen und trotz Bissverletzungen noch lange am Leben. Der Steinmarder, ein Verwandter des Iltis, lässt sich im Gegensatz zu diesem häufiger sehen. Auch er hat seine Vorratsverstecke. Viele von uns haben sie schon unter der Kühlerhaube ihres Autos entdeckt: Ein angebissenes Brötchen oder Eierschalen auf dem Motorblock sind die Überreste einer Mardermahlzeit.

Der Feldhamster in seinem Reich, der nahrungsreichen Agrarsteppe

Der Feldhamster

Er prägte den Begriff des »Hamsterns« und ist in diesem Tun selbst uneingeschränkter Meister: der Feldhamster. Der Kulturfolger mit den auffallend gut entwickelten Backentaschen ist auf offenen, landwirtschaftlich genutzten Flächen mit Getreide-, Klee- und Luzernenanbau zu Hause. Sein Sammeltrieb wiegt kiloschwer. Getreidekörner, Kartoffeln, Erbsen, Rübenstücke und Luzernenwurzeln schleppt er aus bis zu 700 m Entfernung im Herbst in seinen Bau. 15 kg Hamstervorrat sind keine Seltenheit, es kamen aber auch schon 65 kg auf die Waage! Der Feldhamster gilt überdies als das bunteste europäische Pelztier. Die Fellfärbung variiert, doch meist hat er eine gelbbraune Oberseite und eine fast schwarze Unterseite. Auf den Wangen sowie vor und hinter den Vorderbeinen hat er weiße Flecken, wogegen die Region um die Schnauze und um die Augen rötlichbraun gefärbt ist. Füße und Haare um die rosa Nasenspitze sind wiederum weiß.

Im Winterfell nach dem Haarwechsel trägt das
Eichhörnchen lange Haarbüschel an den Ohrspitzen.

Natur entdecken
Farbwechsel

Nicht nur der Mai macht alles neu. Im Laufe des Jahres gehen auch die Tiere mit der
»Mode«. Und im Herbst tragen viele schon die neue Winterkollektion.

Gemausert

Seit August ist es fast überall ziemlich still geworden. Wir hören und sehen unsere Singvögel kaum noch. Ihr »Abtauchen« hat einen Grund. Die meisten von ihnen machen in
dieser Zeit einen Federwechsel durch, sie sind in der Mauser. Die komplizierte Feinstruktur
der Vogelfedern ist tagtäglich enormen mechanischen und klimatischen Belastungen
ausgesetzt; auch Parasiten machen sich am Gefieder zu schaffen. Nach einem Jahr zeigen
die Vogelfedern deutliche Abnutzungserscheinungen. Besonders ramponiert sind die
mittleren und äußeren Schwanzfedern sowie die Spitzen der Schwingen.

Da die Mauser die Vögel körperlich stark beansprucht, muss sie zeitlich genau auf
deren Lebenszyklus abgestimmt sein. So sorgen verschiedene Hormone dafür, dass die
Vögel sich erstmals nach dem Flüggewerden und später regelmäßig vor dem Winter

Kleiderwechsel beim Hermelin. Von brauner Oberseite im Sommer über gefleckt im Übergangsfell bis reinweiß im Winter. Nur die Haare an der Schwanzspitze bleiben immer schwarz

mausern. Die Mehrzahl der Gefiederten erneuert immer nur einige Federn auf einmal. Die Lücken in Flügeln und Schwanz verschieben sich dabei allmählich nach einem festen Schema. Nur ganz wenige Vögel werfen ihre Flügelfedern innerhalb weniger Tage fast komplett ab. Sie sind dann für einige Zeit flugunfähig und verstecken sich in der Vegetation oder ziehen sich, wie vor allem Enten das tun, in großen Trupps aufs Wasser zurück.

Des Kaisers neue Kleider

Die Haare der Säuger dagegen wachsen ständig und unauffällig nach. Allerdings haben Arten, die in Gegenden mit ausgeprägten Jahreszeiten leben, oft auch einen echten Haarwechsel. Er soll das Fell an die besonderen Erfordernisse der Jahreszeit, d. h. bessere Wärmeisolierung und geeignete Tarnfarbe, anpassen; so zieren beispielsweise die Ohren der Eichhörnchen im Winter lange Haarbüschel.

Den auffälligsten Wandel vollzieht jedoch das Hermelin: bis auf seine, im Sommer wie im Winter schwarze Schwanzspitze, trägt es im Sommer Braun mit gelblich-weißer Unterseite, im Winter meist Reinweiß. Das Hermelin – auch manchmal Großes Wiesel genannt – ist ein Raubtier aus der Familie der Marder. Es ist nach dem Mauswiesel das kleinste heimische Raubsäugetier. Sein spektakulärer Fellwechsel findet allerdings nicht überall statt. In den wärmeren Bereichen seines Verbreitungsgebiets ist das Hermelin ganzjährig braun, im hohen Norden hingegen bleibt es ganzjährig weiß.

Hermelinfell war seit dem frühesten Mittelalter Bestandteil von Kleidung des ritterlichen Standes. Das »reine Weiß« des Winterfells als Symbol der Reinheit und Makellosigkeit war Kennzeichen fürstlicher oder richterlicher Gewalt. Bis heute ist der weiße Pelz mit den charakteristischen schwarzen Schwanztupfen Bestandteil von Krönungsgewändern. Hermeline werden allerdings nur selten für Pelzzwecke gezüchtet, sondern gejagt.

Untertagebau

Zwar kann der Artenreichtum unserer Breiten einem Vergleich mit dem der tropischen Regenwälder bei Weitem nicht standhalten. Untersuchen wir jedoch unseren Gartenboden einmal genauer, so entdecken wir darin eine geradezu erstaunliche Vielfalt verschiedener Organismen und Lebensformen. Doch die meisten Bodenlebewesen sind mikroskopisch klein, sodass wir sie mit bloßem Auge nicht erkennen können. Allein in einem Gramm Boden leben mehrere Milliarden Bakterien, außerdem viele andere Einzeller, hefeähnliche Pilze, Schimmelpilze und Algen. Sie bauen organische Substanzen um und ab und sorgen auf diese Weise für die Fruchtbarkeit des Bodens.

Links Schnirkelschnecke beim Abbau von Pflanzenmaterial

Mitte Asseln ernähren sich bevorzugt von Falllaub und anderen pflanzlichen Abfällen und machen sich so als Humusbildner nützlich.

Rechts Regenwurm, nicht ekelig, sondern der Garant für Bodenfruchtbarkeit

Rechte Seite Falllaub wandert durch die Därme zahlreicher Kleintierarten und wird durch Zersetzung zu Humus.

Zusammenarbeit – Mund in Mund

Herabfallende Blätter und andere abgestorbene Pflanzenteile sind ein idealer Nährboden für die verschiedensten Lebewesen. Nachdem die äußere harte Haut der Blätter zuerst von Bakterien bearbeitet wurde und folglich zu faulen beginnt, kommt der nächste Abbautrupp zum Einsatz: Regenwürmer, Asseln, Tausendfüßer, Fliegenlarven und Schnecken zerlegen das verrottende Pflanzenmaterial weiter in seine Bestandteile. Einige von ihnen graben Gänge tief ins Erdreich und ziehen die Pflanzenteile hinein. Dabei sorgen sie gleichzeitig für eine gute Durchmischung der Erdschichten.

Jetzt werden weitere Kleinlebewesen als Zersetzer aktiv: Hornmilben, Springschwänze und andere nehmen sich der Hinterlassenschaften ihrer Vorgänger – von Pflanzenresten bis hin zu Kotbällchen – an. Und ein Ende der Freß- und Umbautätigkeiten ist noch lange nicht in Sicht. Bakterien und Pilze übernehmen schließlich den Abbau jener Reste, die die Bodenarbeiter nicht verdauen konnten. Verwertbares wird also immer und immer wieder »durchgekaut«. Was wir schließlich als fruchtbare Erde schätzen, hat zuvor zahllose Därme durchlaufen.

Würmer schreiben »Erdgeschichte«

»Man kann wohl bezweifeln, ob es noch viele andere Tiere gibt, welche eine so bedeutungsvolle Rolle in der Geschichte der Erde gespielt haben wie diese so niedrig organisierten Geschöpfe«. Mit diesem Satz ließ der berühmte Biologe Charles Darwin dem Regenwurm die Ehre zu teil werden, die ihm häufig verwehrt wird. Denn Regenwürmer tragen entscheidend zur Fruchtbarkeit von Böden bei. Zum einen arbeiten sie als »Zersetzer«: Sie verzehren Erde mitsamt dem darin enthaltenen faulenden Pflanzenmaterial. Auch zerren sie Laub in ihre Wohnröhren hinab, um es dort zu fressen. Im Regenwurmdarm werden die organischen Abfälle zusammen mit der Erde verdaut und dabei gründlich aufbereitet: wieder heraus kommt nichts anderes als bester Humus. Zum anderen schichten die Würmer den Boden durch ihre Fressgewohnheiten ständig um und lockern ihn durch ihre Gangsysteme auf. Diese »Durchlüftung« fördert das Wachstum von Bodenbakterien, die wiederum den Abbau organischer Stoffe beschleunigen.

Links oben Ein Totengräber bei seiner wichtigen Arbeit

Links unten Ein Maulwurf taucht von Untertage auf.

Rechts Seine feine Nase und die Tasthaare am Kopf helfen dem Maulwurf beim Beutefinden im dunklen Untergrund.

Rohrpost

Während der Regenwurm kaum über ein besonders ansprechendes Äußeres verfügt, schätzt man als Gartenbesitzer seine Arbeit. Einen anderen »Kumpel« des Untertagebaus wünscht man dagegen auch trotz seines seidenweichen Fells meist sonst wohin: den Maulwurf. Der Insektenfresser hat sich perfekt an ein Leben im Boden angepasst. Seine Vorderbeine sind zu Grabschaufeln umgebildet. Mit ihrer Hilfe gräbt er sich seine Gangsysteme ins Erdreich. Sein kurzes, dichtes Fell hat keinen »Strich«, so dass er sich in den engen Erdröhren genauso gut vor- wie rückwärts bewegen kann. Augen nützen ihm unter Tage wenig. Sie sind winzig klein und tief im Fell verborgen. Maulwürfe verlassen sich ganz auf den hochempfindlichen Tast- und Geruchssinn ihres Rüssels, wenn sie mit ihrem walzenförmigen Körper wie eine Rohrpost durch ihr Gangsystem sausen, um Insekten, Engerlinge und Regenwürmer zu erbeuten. Bei Hochwasser bringen sie sich schwimmend in Sicherheit.

Totengräber

Der Name Totengräber – respektive Necrophorus – ist hier Programm. In Mitteleuropa sind acht Vertreter der Totengräber-Käfer heimisch. Sie kommen sowohl in Mischwäldern als auch in offenem Gelände mit Gärten und Parks vor. Die männlichen Tiere verrichten eine wenig appetitliche, dafür umso wichtigere Arbeit als Leichenbeseitiger. Hat er eine kleine Tierleiche – einen Vogel, eine Maus – hebt er zunächst seinen Hinterleib empor, um mit den daraus abgelassenen Duftstoffen ein Weibchen anzulocken. Zusammen versenken sie dann die Tierleiche durch Untergraben in den Erdboden. In der Grabkammer wird die Leiche schließlich zu einer Kugel geformt. Danach legt das Weibchen die zehn bis zwölf Eier in einen extra gegrabenen Seitengang ab, um sich schließlich auf der Leiche zu postieren. Jetzt beginnt sie mit dem Ausscheiden von Gewebe auflösendem Magensaft, den sie auf die Tierleiche tröpfelt. Die nach fünf Tagen geschlüpften Larven machen sich sofort auf den Weg in die Grabkammer und kriechen zur Mutter, die in einer Grube auf dem Tierkörper sitzt. Dort füttert sie ihre Larven mit kleinen Tropfen des aufgelösten Tierkadavers. Erst nach mehreren Häutungen versorgt sich der Nachwuchs im letzten Larvenstadium selbstständig von dem Leichenvorrat. Nach zwei Wochen Puppenruhe schlüpft schließlich die nächste Generation junger Totengräber, um als »Käfer-Gesundheitspolizei« ihrem wenig attraktiven, aber umso bedeutsameren Job nachzugehen.

Links Mit seinen mächtigen Grabschaufeln gräbt der Maulwurf seine engen Erdröhren.

Rechts Das Aushubmaterial der Gänge wird oberirdisch als Maulwurfshügel aufgetürmt.

In Laubwäldern ist der Herbst golden.

Natur erleben
Ein Herbsttag im Wald

Auch der Wald geht mit der Mode

Ein langer Spaziergang durch einen herbstlichen Wald reizt optisch und geschmacklich unsere Sinne. Wir können erleben, dass vor dem Einzug des Winters das sommerliche Grün plötzlich aus der Mode kommt und der Blätterwald sich in einem herrlichen Farbenspiel von Gelb-, Orange-, Rot- und Brauntönen präsentiert, bevor er sich mit dem ersten Frost und kräftigen Stürmen entblättert. Obwohl die herbstliche Pracht unsere Sinne berauscht und Maler wie Dichter inspiriert, steckt letztlich für die Bäume und Sträucher das Prinzip Vorsorge dahinter: Ursache für den Farbwechsel ihrer Blätter ist der langsame Rückzug der Pflanzensäfte in den Stamm bzw. in die Wurzeln. Nährstoffe werden abgebaut und wichtige Elemente in den Stamm verlagert. Der stickstofffreie grüne Blattfarbstoff Chlorophyll, welcher der Photosynthese diente, wird in seine Bestandteile zerlegt und andere Pigmente wie Carotionide und Xanthophylle, die zuvor vom Chlorophyll überdeckt wurden, können jetzt voll zur Geltung kommen. Nach neuesten Erkenntnissen dient die gelbrote Färbung durch den unter der Blattoberfläche produzierten Farbstoff Anthozyan vor allem als Sonnenschutz. Der Blattabfall schließlich schützt die Pflanzen vor dem Austrocknen im Winter (Frosttrocknis). Den Wasserverlust durch Verdunstung über das Blattwerk könnten die Pflanzen über ihr Wurzelwerk in den gefrorenen Böden nicht ausgleichen.

Wilde beerenstarke Früchtchen

So wie viele Tiere im Herbst aus dem Vollen der Natur schöpfen können, um sich Wintervorräte anzulegen, so können auch wir Menschen einiges auf unserem Spaziergang naschen und sammeln. Als Zutaten für herrliche Kuchen, Nachtische, Säfte und Co., aber auch als leckere Gesundheitsförderer können wir diese kleinen Leckereien nutzen. So enthalten Haselnüsse, die wir am Haselstrauch in lichten Laubwäldern, an Waldrändern und Hecken im September/Oktober ernten B-Vitamine als Nervennahrung für unser Konzentrations- und Leistungsvermögen. Die vitamin- und mineralstoffreichen Heidel- oder Blaubeeren, die wir von Juli bis September finden, wirken frisch leicht abführend, getrocknet dagegen helfen sie wiederum gegen leichten Durchfall. Die schwarzen Beeren des Holunders sind reich an Vitamin-C und stärken zu Mus, Gelee oder Suppe bereitet unsere Abwehrkräfte. Brombeersaft wiederum hilft gegen einen Kratzehals, Brombeerblättertee gegen Entzündungen im Mund- und Rachenraum, Heiserkeit und Durchfall. Zur gleichen Zeit wie die Brombeeren, sind von Juli bis Oktober auch die köstlichen Himbeeren reif. Holunderfrüchte reifen von September bis Oktober, Sand- und Schlehdornfrüchte von September bis Dezember.

Links Nahrhafter Herbst. Heidelbeeren finden wir in lichten Nadelwäldern, Heiden und Mooren.

Rechts oben Aus den vitaminreichen Hagebutten der Hunds-Rose lässt sich ein schmackhafter Gelee zubereiten.

Rechts unten Aus den Schlehenfrüchten des Schlehdorns können leckere Säfte oder alkoholische Getränke hergestellt werden.

Viele Männlein stehen im Walde

Feinschmecker und Pilzsammler wissen Waldpilze zu schätzen. Für Anfänger lohnt das Mitgehen bei Pilzkennern. Recht einfach sind Röhrlinge wie Steinpilze und Rotkappen zu bestimmen. Überall, wo der Waldboden nicht von zu vielen krautigen Pflanzen bedeckt ist, kann man fündig werden. Viele Röhrenpilze heißen übrigens nach den Bäumen, unter denen sie wachsen: Birkenpilz, Eichenrotkappe, Kiefern-, Eichenstein-pilz, Erlengrübling. Wenn andere mal schneller waren mit dem Sammeln, brauchen wir uns nicht ärgern; ein paar warme und feuchte Tage sorgen für Pilznachschub.

Zwar ungenießbar, aber dafür umso spektakulärer zeigen sich uns Pilze wie der Tintenfischpilz oder Baumpilze, die wie kleine Dächer an Baumstämmen wachsen.

Links Steinpilze. Daraus werden wohlschmeckende Mahlzeiten

Mitte Der Tintenfischpilz ist ein Australier und wurde bei uns eingeschleppt.

Rechts Röhrige Keule. Der relativ seltene Pilz wächst an totem Holz in warm-feuchten Buchenwäldern.

Hexenringe

Auf Wiesen und Waldböden kommt es gar nicht so selten vor, dass Pilzhütchen kreis-förmig angeordnet wachsen. Doch dies ist nicht – wie früher angenommen – das Werk einer Hexe, sondern das einer winzigen Pilzspore. Diese landete im Boden, keimte und breitete ihr Wurzelgeflecht (Mycel) gleichmäßig kreisförmig nach allen Seiten aus. Jedes Jahr bilden sich nun am äußeren Rand dieses Geflechts die Pilzhüte und jedes Jahr ist der »Hexenring« ein wenig größer.

Blickfang

Auch wenn wir heute einmal ganz eigennützig unterwegs waren, um unseren Bauch oder die Speisekammer zu füllen, bleiben unerwartete Tierbegegnungen nicht aus. Vielleicht entdecken wir ein Reh im Haarwechsel, bei dem das graue Winterhaar das kürzere rote Sommerhaar verdrängt. Oder ein Starenschwarm fliegt aus einer fruchtenden Hecke. Am Himmel hören wir schon die rauen Rufe der Kraniche, bis wir sie kurz darauf auf unserem Heimweg in V-Formation über uns ziehen sehen.

Links Ein Reh im Kornfeld.

Mitte und Rechts Rehbock im graubraunen Winterfell und im rotbraunen Sommerfell

Links Wenn die Kraniche ziehen naht der Winter.

Rechts Kranich. Bis zu 1,20 m groß mit 2,20 m Flügelspannweite

Wintertraum

Wenn sich die leuchtenden Herbstfarben verabschiedet haben und die letzten Blätter von den Bäumen gefallen sind, wenn sich Schnee und Dunkelheit wie eine Decke über alles legen, wenn alles gedämpft wirkt und eine seltsame Ruhe einkehrt, dann ist der Winter da. Oft entsteht der Eindruck, dass sich nichts regt, dass sich Pflanzen und Tiere gänzlich zurückgezogen haben. Aber so ist es nicht. Das Leben spielt sich jetzt eher im Verborgenen ab. Die Natur liegt im Winterschlaf: sie hält inne und sammelt ihre Kräfte.

Der Kälte trotzen

Die meisten Tiere müssen im Winter mit der strengen Kälte fertig werden und sich zudem mit dem geringeren Angebot an Nahrung zufrieden geben. Dafür hat jede Art ihre eigenen Strategien entwickelt.

Energiesparmodus

Säugetiere und Vögel sind die einzigen Lebewesen, die ihre Körpertemperatur – unabhängig von der Außentemperatur – konstant halten können. Man nennt sie auch Gleichwarme oder Warmblüter. Wer als Warmblüter nicht zu den Zugvögeln

Apfeldornfrüchte: bis in den Winter Leckerbissen für Daheimgebliebene und Wintergäste

gehört und im Herbst auf die alljährliche weite Reise in wärmere, nahrungsreichere Länder aufbricht, den kostet das Aufwärmen und Abkühlen im kalten Winter viel Energie. Diese gewinnen die Tiere aus ihrer Nahrung. Mit ein paar Tricks können sie viel Energie sparen: Sie legen sich ein dickeres Winterfell zu, drosseln die Durchblutung ihrer Haut und reduzieren ihre Körperoberfläche, indem sie sich einrollen, oder kuscheln sich eng aneinander.

Kältestarre

Den Warmblütern steht das große Heer der Wechselwarmen oder Kaltblüter gegenüber, die ihre Körpertemperatur nicht regulieren können. Sie schwankt mit der Außentemperatur. Wenn es kalt wird, erstarren Wirbellose, Fische, Amphibien und Reptilien geradezu und können sich kaum noch regen.

Unsere Amphibien und Reptilien suchen zur Überwinterung – entsprechend ihrem arteigenen Feuchtigkeitsbedürfnis – unterschiedliche, aber stets frostfreie Schlupfwinkel auf. Das können – wie bei Erdkröten – Höhlen, Erdlöcher, Baumstubben, Steinhaufen oder Lesesteinmauern sein, aber auch größere Reisig-, Laub- oder Komposthaufen, in denen sich infolge von Verrottungsprozessen Wärme entwickelt. Grasfrösche z. B. überwintern gerne auf dem Grund von Gewässern, genauer gesagt in der dicken Schlammschicht, die den Boden bedeckt.

Oben Fest zusammengerollt unter Laub verschläft der Igel den Winter.

Unten Holzstapel mit ihren Spalten und Hohlräumen bieten Winterschläfern Unterschlupf.

Frostschutzmittel

Da das Erwachsenen-Stadium vieler Schmetterlinge oft nur recht kurz ist, verbringen sie die längste Zeit ihres Lebens als Ei, Larve oder Puppe. In jedem dieser Stadien können sie überwintern. Der Frostspanner etwa überwintert als Ei, der Apfelwickler als Raupe, der Kohlweißling als Puppe. Der Zitronenfalter jedoch überwintert als fertiger Schmetterling. Völlig ungeschützt sitzt er im Wald an einem Zweig. Gegen die Kälte wird er immun, indem er – wie andere Insekten auch – den Gefrierpunkt seiner Körperflüssigkeit mit Hilfe einiger chemisch-physikalischer Tricks herabsetzt. Vor Wintereinbruch scheidet er über Kot und Harn viel überschüssiges Wasser aus und konzentriert auf diese Weise seine Körpersäfte. Durch chemische Umwandlung entzieht er außerdem das Zellwasser dem Gefrierprozess. Schließlich stellt er auch noch das Frostschutzmittel Glyzerin her, das auch in Autos das Gefrieren des Kühlwassers verhindern soll.

Noch wach: Mausohren kurz vor dem »Einnicken«

Zusammen ist man weniger allein

Wenn die Tage kürzer werden und die Temperaturen sinken, befällt auch den Marienkäfer eine seltsame Unruhe, woraufhin er sich auf die Suche nach einem geeigneten Winterversteck – etwa unter Moos, Rinde oder Steinen – macht. Dabei legt er oft weite Strecken zurück. Sobald er Artgenossen riecht, lässt er sich dort nieder. Diese Anziehungskraft führt dazu, dass Marienkäfer scharenweise überwintern. Bis zum Frühjahr zehren sie von ihrem Körperfett.

Kleine Füchse und Tagpfauenaugen suchen sich zugängliche Dachböden als Winterquartiere. Sie fliegen durch offene Dachluken und Hohlräume unter Firstziegeln ein und teilen sich den Platz mit Florfliegen, gelegentlich auch mit Wespen- und Hornissenköniginnen.

Vögel ändern im Jahresverlauf ihre Schlafgewohnheiten. In den langen Winternächten schlafen sie nicht so tief wie im Sommer, dafür aber oft doppelt so lang. Viele Vögel suchen geschützte Plätze auf und schließen sich zu Schlafgemeinschaften zusammen.

Wintertänzer

An sonnigen Wintertagen bieten sie einen vertrauten und zugleich auch verblüffenden Anblick: tanzende Mückenschwärme in unserem Garten. Dabei handelt es sich nicht um die Gemeine Stechmücke, sondern um die eigentliche Wintermücke oder auch Stelzmücke. Sie wird erst bei Temperaturen um 4° C richtig aktiv und paart sich sogar.

Auch die Frostspanner machen ihrem Namen alle Ehre. Diese Schmetterlinge können wir vom Herbst bis in den Winter hinein beobachten. Sie umschwärmen manchmal nach dem ersten Schneefall Lampen und Autoscheinwerfer. Ihr Tanz ist reine Männersache, die Weibchen besitzen nämlich nur Stummelflügel. Nach der Paarung machen sie sich zu Fuß in Richtung Baumkronen auf, um dort ihre Eier abzulegen.

Ruhe Bitte! Winterschlaf läuft

Manche Tiere ziehen sich zum Überwintern gerne aus der freien Natur in Wohngebäude oder Schuppen zurück. Marienkäfer, Schmetterlinge wie das Tagpfauenauge oder der Kleine Fuchs, Florfliegen und einige Fledermausarten gehören dazu. Wer solche Wintergäste entdeckt, sollte sie unbedingt in Ruhe lassen und darf sich geehrt fühlen.

Natur entdecken
Winterschläfer

Manche Säuger umgehen die energieaufwendige Temperaturregulation und fallen in einen tiefen Winterschlaf. Ihre Körpertemperatur liegt nur wenige Grad über der Außentemperatur; sie kann sogar fast bis auf den Gefrierpunkt absinken. In dieser Zeit laufen alle ihre Lebensfunktionen auf Sparflamme. Winterschläfer müssen keine Nahrung zu sich nehmen und zehren allein von dem Winterspeck, den sie sich zuvor angefressen haben. Zu den Winterschläfern zählen bei uns die Fledermäuse, die Schläfer, Igel, Birkenmaus, Murmeltier und Hamster. Bis auf die beiden letztgenannten wagen sich alle zum Überwintern bis in unseren Garten und sogar bis in unser Haus vor. Während Igel und Schläfer ihre Unterschlupfe noch gemütlich herrichten und auspolstern, suchen sich Fledermäuse einfach nur ein passendes Versteck. Wenn es wieder Frühling wird, kurbeln Winterschläfer ihren Stoffwechsel an und wachen durch den Anstieg ihrer Körpertemperatur wieder auf. Auch Eichhörnchen ruhen in ihrem Winterlager schon einmal mehrere Tage am Stück – allerdings bei normaler Körpertemperatur; sie halten also keinen richtigen Winterschlaf.

Kopfüber den Winter verschlafen

Was ihr Winterquartier angeht, haben Fledermäuse ganz klare Vorstellungen. Dort wo sie sich für den Winter zurückziehen, soll es dunkel sein, feucht, frostsicher, gleichmäßig temperiert und nach Möglichkeit windgeschützt. Gleich 17 von unseren 22 einheimischen Fledermausarten überwintern deshalb bevorzugt – manche sogar ausschließlich – in Höhlen, Stollen oder alten Kellern. In Ritzen verborgen oder freihängend an der Decke, einzeln oder vergesellschaftet verbringen sie dort den Winter. Langohren z. B. finden wir häufig in Kellern, Zwerg- und Rauhautfledermäuse verstecken sich hinter Wandverkleidungen oder in Holzstapeln. Die ziemlich kälteunempfindliche Rauhautfledermaus kann sogar zwischen Spalierpflanzen und Hauswand überwintern. Sinkt die Körpertemperatur der Fledermäuse auf Werte zwischen 10 und 0 °C, sind – bis auf wenige Reflexe – alle Bewegungen verlangsamt, ebenso Atmung und Kreislauf. Untersuchungen an winterschlafenden Mausohren ergaben Atempausen von bis zu 90 Minuten, das Herz schlug nur noch 10 mal pro Minute. Dagegen schlägt das Herz eines aktiven Tieres mehr als 600 mal in der gleichen Zeit. Ihre »innere Uhr« weckt die Fledermäuse von Zeit zu Zeit, damit sie etwa ihre Blase entleeren oder ihren Platz wechseln können. Unvorhergesehene Störungen des Winterschlafs allerdings können den Tieren zum Verhängnis werden. Einmal mehr müssen sie ihren Kreislauf in Schwung bringen und verbrauchen dabei kostbare Energiereserven, die ihnen dann am Winterende womöglich fehlen.

Rechte Seite Kopfüber und in einer ganzen Traube verschlafen Mausohren den Winter in der Deckenspalte einer Tropfsteinhöhle.

Alle Jahre wieder: Guten Appetit!

Jedes Jahr aufs Neue können wir uns die Vögel im Winter direkt vor unser Fenster locken, indem wir ihnen eine Futterstelle anbieten. Gartenfachgeschäfte und Supermärkte führen ein großes Angebot verschiedenster geeigneter Futterhäuschen und Futtermischungen.

Links Blaumeise. Das Aufplustern dient dem Wärmeschutz.

Mitte Bergfink. Dieser Wintergast aus dem Norden tritt häufig in Schwärmen auf.

Rechts Das bunte Dompfaff-Männchen fällt im Schnee besonders auf. Sein Name nimmt Bezug auf die Ähnlichkeit mit der Tracht von Domprälaten.

Fast Food – Speisen wie die Meisen

Kaum aufgestellt ist die Futterstelle im Handumdrehen von zahlreichen Gästen belagert. Es herrscht ein reges Kommen und Gehen, lautstarke Streitereien bleiben nicht aus. Jede Art verfügt über spezielle Tricks, um an das Futter heranzukommen. Zu den häufigsten Besuchern zählen Kohlmeisen. Während Vögel wie Grünling oder Gimpel ein Korn nach dem anderen an Ort und Stelle verzehren, versteht das Meisenvolk unser Futterhaus eher als Schnellimbiss. Eilig holt sich die Kohlmeise einen Sonnenblumenkern und trägt ihn im Schnabel fort, um ihn an anderer Stelle zu verspeisen. Hier hält sie ihre Mahlzeit geschickt mit den Krallen fest und entfernt die »Verpackung« mit gezielten Schnabelhieben.

An den freihängenden Meisenknödeln sind die Blaumeisen die ungeschlagenen Meister. Kopfunter turnen sie an den Knödeln und picken Körner heraus. Neben Blau- und Kohlmeisen entdecken wir am Futterhaus seltener auch Tannenmeisen, die kleinste einheimische Meisenart mit großem weißen Nackenfleck hinter der schwarzen Kopfplatte. Auch meist in Grüppchen auftauchende Schwanzmeisen – an ihrem langen schwarzen Schwanz und dem weißen Balken auf dem Kopf (oder ganz weißen Kopf) leicht zu erkennen – sowie Sumpfmeisen mit schwarz glänzender Kopfplatte und bräunlichem Rücken, mischen sich unter das muntere Vogelvolk.

Schwanzmeisen sind geschickte Kletterer.

Winterschlussverkauf

Wie an Schlussverkaufstagen im Warenhaus geht es an Futterhäuschen und Meisenknödeln manchmal zu. Neben den Meisen, sind auch Rotkehlchen, Finken, Kleiber, Gimpel, Amseln oder Baumläufer häufige Besucher von Futterstellen.

Die meisten Stare ziehen im Herbst gen Süden, doch einige überwintern auch in unseren Breitengraden und freuen sich über bereitgestelltes Futter. Auch sieht man gelegentlich einen Buntspecht an einem Meisenknödel hacken oder einen Eichelhäher sich einen Sonnenblumenkern genehmigen. Der Kernbeißer ist mit fast 18 cm Länge unser größter Fink. Dank seines mächtigen Schnabels kann er selbst Steinobstkerne knacken und ist Meister im Öffnen hartschaliger und großer Samenkörner.

Winziger Zweigturner: Wintergoldhähnchen

Das nur ca. 8 cm große und 5 Gramm schwere Wintergoldhähnchen ist der kleinste europäische Vogel und pickt gerne die heruntergefallenen Meisenknödelreste auf. Der etwas größere Zaunkönig kommt im Winter zwar an Futterstellen, mag jedoch keine freistehenden Plätze.

Neben den regelmäßigen Wintergästen, denen wir in Gärten und Parks alljährlich begegnen, besuchen uns andere nur unregelmäßig. Manche Vogelarten aus dem Norden und Osten z. B. fallen invasionsartig bei uns ein, wie Seidenschwänze oder Birkenzeisige. Ihr Auftreten hängt von den Verhältnissen in ihren Brutgebieten ab: wie viel Nachwuchs es gab, ob die Nahrung knapp wurde oder ob der Wintereinbruch besonders früh und hart war.

Fressen und gefressen werden

Eben noch beherrschte eine bunte Singvogelgesellschaft am Futterhaus das winterliche Bild, doch plötzlich ertönen hohe und intensive Warnrufe und die Vogelschar stiebt nach allen Seiten auseinander.

Wie ein Pfeil schießt ein größerer graubrauner Vogel um die Gartenhecke. Federchen wirbeln durch die Luft – einer der kleinen Futterhausgäste war nicht schnell genug. Der Überraschungsangreifer zieht – den kleinen Vogelkörper in den Fängen – von dannen. Was wir hier erleben durften, ist ein Naturschauspiel der besonderen Art, und dabei noch nicht einmal selten. Der Sperber taucht in den

Wintermonaten häufiger im Bereich von Ortschaften auf, wo sich kleinere Vögel an Futterplätzen oft in Scharen zusammenfinden. Winterfütterungen nutzen also nicht nur Meise, Fink und Co, sondern sie erleichtern auch dem bedrohten Greifvogel das Überleben. Und dafür, dass der Sperber tut, was er als Greifvogel nun mal tun muss, sollte er keinesfalls verurteilt werden.

Resteküche

Auch wenn das winterliche Zufüttern Vogel wie Mensch gleichermaßen erfreut, so sind die Nahrungsquellen für Vögel in Gärten, Parks und Hecken keinesfalls schon restlos versiegt. Noch bis tief in den Winter locken Wildsträucher mit ihrem Angebot an Beeren und Früchten. Singdrossel und Kernbeißer beispielsweise fressen von den Beeren des Wolligen Schneeballs, Seidenschwänze von den Früchten des Gemeinen Schneeballs. Wo es noch etwas für sie zu holen gibt, fallen die nordischen Wintergäste manchmal in großen Schwärmen bei uns ein. Das Rotkehlchen vertilgt die gelben Samen des Pfaffenhütchens, während der Fasan sich über die orangeroten Sanddornbeeren (Fasanenbeeren) hermacht.

Einige dieser späten Strauchbeeren haben allerdings so ihre Tücken: Durch Gärungsprozesse entwickelt sich Alkohol, den die naschenden Vögel dank eines Enzyms jedoch rasch abbauen können.

Links Buchfink. Die Weibchen ziehen in etwas wärmere Gefilde, die Männchen halten die Stellung vor Ort.

Rechts Sperber profitieren von Vogelkonzentrationen am Futterhaus.

Stadt – Land – Fluss im Winter

Winter im Park

An den Parkteichen und Flüssen im städtischen Umfeld, vor allem dort wo gefüttert wird, sammelt sich eine bunte Gesellschaft aus verschiedenartigen Wasservögeln. Oft werden diese Wasservogelansammlungen von Stockenten, verschiedenen Hausentenrassen und Mischlingsarten dominiert. Häufig sind aber auch

Höckerschwäne im weichen Winterlicht

Höckerschwäne, Blässhühner, Teichrallen sowie verschiedene sog. Neozoen (Tiere, die sich mit oder ohne menschliche Einflussnahme in einem Gebiet angesiedelt haben, in dem sie zuvor nicht heimisch waren) wie Kanadagänse, Streifengänse, Mandarinenten oder Nilgänse vertreten.

Nahrungsopportunisten

An den größeren Flüssen finden sich während der Wintermonate auch im Binnenland große Mengen von Möwen ein. Neben den Sturm-, Mittelmeer-, Steppen- und Silbermöwen ist die Lachmöwe die mit Abstand häufigste Möwenart. Lachmöwen sind während dieser Zeit im sogenannten Schlichtkleid, das heißt, sie

haben die während der Brutzeit so auffällige schwarze »Kapuze« gegen ein überwiegend weißes Kopfgefieder eingetauscht und nur noch ein dunkler Ohrfleck bleibt sichtbar. Als Nahrungsopportunisten nutzen Lachmöwen jede Möglichkeit schnell und ohne großen Aufwand an Nahrung zu kommen. Daher sind sie in großer Zahl sowohl an den Futterstellen, an Kompostwerken oder aber auch auf Mülldeponien zu finden. Abends sammeln sich die Möwen an bestimmten Plätzen, um gemeinschaftlich zu schlafen. Am Rhein bei Wiesbaden und Mainz befindet sich einer der größten Schlafplätze von Möwen im Binnenland, der je nach Witterungslage bis zu 40.000 Möwen umfasst. Als Besonderheit kann dort beobachtet werden, dass die Lachmöwen auf dem Rhein eine sogenannte »Schlafwalze« bilden. Sie setzen sich auf das Wasser, lassen sich schlafend ein Stück den Rhein hinunter treiben, fliegen dann wieder flussaufwärts, um sich erneut auf dem Wasser landend treiben zu lassen.

Links Mandarinente (Erpel). Bunter Exot unter dem Wassergeflügel

Mitte Ein rastender Schwarm nordischer Saatgänse. Auf Äckern suchen sie Nahrung.

Rechts Feldrehe im Winter

Inselbesetzer

Als Wintergäste sind an den großen Flüssen regelmäßig auch Kormorane zu beobachten. Zu einem großen Teil handelt es sich dabei um Überwinterungsgäste aus Nordeuropa, die – wie die Lachmöwen und andere Wasservögel – die Klimagunst von Stadt und Fluss zur energieeffizienten Überwinterung nutzen. Bevorzugte Schlafplätze von Kormoranen sind störungsarme Inseln im Fluss, wobei auch technisch entstandene Inseln im unmittelbaren Umfeld von menschlichen Siedlungen wie Schleuseninseln gerne genutzt werden. Derartige Inseln sind – auch mitten in Städten – bevorzugte Brutplätze des Graureihers, der auf diesen Inseln häufig keine Bodenfeinde fürchten muss und daher sogar auch am Boden brütet. Von hier aus brechen die Vögel regelmäßig auch in Wohngebiete auf, wenn es an fischreichen Gartenteichen leicht Beute zu machen gibt.

Links Der Graureiher fliegt am Nahrungsgewässer auf.

Rechts Nach dem Tauchgang trocknet der Kormoran sein Gefieder durch Ausbreiten der Flügel.

Der Eisvogel

Einer der attraktivsten Vögel, der unseren Teichen einen Besuch abstattet, ist zugleich auch einer der seltensten. Der scheue Eisvogel funkelt je nach Lichteinfall von Kobaltblau bis Türkisgrün. Er lebt an klaren, langsam fließenden Gewässern und Teichen. Von einer Warte über dem Wasser oder aus dem Rüttelflug stürzt er sich ins kühle Nass und fängt kleine Fische. Er errichtet seine selbstgebauten Brutröhren in Steilufern oder Wurzeltellern umgestürzter Bäume und zieht seine Jungen mit Kleinfischen, Insekten, kleinen Fröschen und Kaulquappen auf. In harten Wintern, wenn die Jagdgewässer zufrieren, ist der Eisvogel in seiner Existenz bedroht. Manchmal sucht er dann Zuflucht in Dörfern und Städten und taucht dann auch an Garten- und Parkteichen auf.

Städter und Hinterwäldler

Im kahlen Geäst der Parkbäume sitzen eines Wintermorgens seelenruhig und beinahe wie ausgestopft dutzende krähengroße, schlanke, mit langen Federohren geschmückte Waldohreulen, die sich bei Tagesanbruch hier versammelt haben. Bricht des Abends die Dämmerung herein, verschwinden sie ebenso geheimnisvoll wie sie aufgetaucht sind, denn nun gehen sie auf die Jagd. Doch nicht wie ihre

Links Eisvogel als Eisfischer… Vor dem Abtauchen ins Eisloch…

Rechts … und mit dem Jagderfolg im Schnabel wieder heraus aus dem sehr kühlen Nass

den Wald bewohnenden Eulen-Kollegen auf Mäusejagd, sondern auf Vogeljagd. Die vielen kleinen Vögel in den Parks und Gärten bringen die Waldohreule über den Winter. In der Regel gilt sie als Einzelgänger, doch in der Not rückt man näher zusammen und so schließt sich auch die Waldohreule im Winter häufig zu Gruppen von bis zu 50 Tieren zusammen.

Auch der rundliche Waldkauz profitiert vom Stadtleben wo er wesentlich mehr Vögel erbeutet als sein waldbewohnender Artgenosse und so den Winter eher übersteht. Denn im Gegensatz zu den »Stadteulen«, die sich an einem abwechslungsreicheren Buffet bedienen können, hängt das Überleben der »Waldeulen« in erster Linie vom Bestand der Mäuse ab – und der kann starken Schwankungen unterworfen sein.

Waldohreulen bilden im Winter häufig Schlafgesellschaften.

Das Nahrungsangebot in der Stadt ist größer. Daher fällt dem Waldkauz das Überleben dort leichter.

Ein Floh im Schnee

Im Winter sind auffällig wenig Insekten unterwegs. Eine Ausnahme machen die Schneeflöhe. Die zur Ordnung der Schnabelfliegen zählenden Winterhaften sind nur 2–4 mm groß und erinnern an junge Grillen. Sie ernähren sich von Moosen und toten Tieren. Bei Tauwetter wandern sie auf die Schneedecke. Nicht alle schwarzen Pünktchen auf dem Schnee sind also Schmutzpartikel. Manche entpuppen sich bei näherem Hinsehen auch als springlebendige Springschwänze.

Links Zwei Spuren im Schnee …

Oben Hier hoppelte der Feldhase entlang, der sich in Deckung ausruht.

Unten Hier schnürte der Fuchs, der unter dem Schnee die Mäusebeute wittert.

Natur erleben
Auf Spurensuche

Auch wenn viele Tiere im Winter kaum noch oder gar nicht mehr zu sehen sind, hinterlassen bzw. hinterließen sie die unterschiedlichsten Spuren. Angeknabberte Äpfel, aufgeknackte Haselnussschalen, abgenagte Tannenzapfen – diese Funde auf dem Spaziergang oder im Garten geben uns so manches Rätsel auf. Sobald der erste Schnee fällt, wird die Spurensuche besonders spannend. Auf der Neuschneedecke erzählen uns Tierspuren Geschichten von Futtersuche, Rast, Jagd, Flucht und Tod.

Picken, Hacken, Nagen, Knabbern

Wühlmäuse nagen an Wurzeln. Knapp oberhalb des Bodens knabbern Hasen, Kaninchen und einige Mäuse an der Rinde von Bäumen und Sträuchern. Rötelmäuse, Eichhörnchen und Siebenschläfer machen sich an Ästen und Zweigen zu schaffen. Baumstämme und Äste tragen die Hack- und Ringelspuren von Spechten. Schnecken, Raupen und Käfer fressen an krautigen Pflanzenteilen. Vögel hinterlassen an Obst typische Pickspuren: Während Drosseln nur auf das Fruchtfleisch erpicht sind, geht es den Finken um die Kerne; dazu entfernen sie vorher notdürftig das Fruchtfleisch. Säugetiere verraten sich durch die verschieden breiten Abdrücke ihrer Schneidezähne im Fruchtfleisch. So gibt es kaum einen Pflanzenteil, der von Schnäbeln und Zähnchen verschont bleiben würde.

Nussknacker

Auch hartschalige Früchte, wie Haselnüsse oder Eicheln weisen tierische Spuren auf. Während Specht und Häher die Fruchtschalen mit gezielten Schnabelhieben regelrecht sprengen, wenden Eichhörnchen, Haselmaus, Siebenschläfer, Wald- und Rötelmaus spezielle Nagetechniken an. Anhand der Breite der Nagespuren und der Beschaffenheit des Fraßrandes lassen sich die Urheber meist gut identifizieren.

Eichhörnchen geben sogar zu erkennen, ob ein erfahrener oder ein unerfahrener »Nussknacker« am Werk war. Anfänger nagen noch recht planlos an der Nussschale herum und hinterlassen viele überflüssige Spuren, während die »Profis« die sogenannte »Lochsprengtechnik« beherrschen. Dazu nagen sie auf der Breitseite der Nuss eine Furche bis zur Spitze. Sobald ein kleines Loch entsteht, stecken die Experten ihre unteren Schneidezähne hinein und sprengen die Nuss ganz durch den Gegendruck, den sie mit den oberen Schneidezähnen erzeugen.

Rötelmaus und Waldspitzmaus. Beide sind auch im Winter aktiv, jedoch fast nur im Verborgenen

Klemmschmieden des Buntspechts. Hier platzierte er einen Kiefernzapfen zwischen die Borke.

Zapfen-Krapfen

Zapfen gelten bei vielen Tieren als besondere Leckerei. Eichhörnchen lassen »unordentlich« zerfranste Zapfenspindeln zurück. Dabei lassen sie die sterilen Schuppen an der Zapfenspitze stehen, während die leeren, abgerissenen Schuppen nach dem Mittagessen überall herumliegen. Spechte und Eichhörnchen pflücken Zapfen vor der Bearbeitung vom Baum. Während Kreuzschnäbel sie Baum hängen lassen und lediglich die Zapfenschuppen mit ihrem Spezialschnabel anheben, um die Samen mit der Zunge hervor zu holen. Mäuse dagegen nagen die Zapfenschuppen sehr gleichmäßig und sorgfältig ab.

Klemmt ein Tannenzapfen im Obstbaum, so war ein Buntspecht in unserem Garten am Werk. Spechte benutzen sog. »Klemmschmieden« in natürlichen Holz- und Rindenspalten sowie »Gabelschmieden« (Astgabeln). Dort wird der Zapfen zum komfortablem Fressen eingespannt. Doch nicht nur natürliche Spalten werden genutzt. Der Specht ist neben seiner Beschäftigung als Schmied auch als Zimmermann tätig: Er zimmert sich seine Schmieden in Stämmen, Ästen oder auch Zaunpfählen nach Maß, um darin Zapfen, Nüsse oder Obstkerne einzuklemmen und aufzubrechen.

Unverdauliches

Manche Vögel hinterlassen Spuren in Form von Gewöllen. Es handelt sich um die unverdaulichen Reste von Beutetieren, die diese Vögel in Form kleiner Ballen auswürgen. Am bekanntesten sind die Gewölle von Eulen und Greifvögeln. Sie können auf ihre einzelnen Bestandteile hin untersucht werden: Tierhaare, Federn, Knochen, Insektenreste oder auch verschiedene Pflanzenteile.

Und hier passte genau in die Borkenspalte eine Eichel, die der Buntspecht dann bequem entleeren konnte.

Eins, zwei, drei, vier Eckstein, alles muss versteckt sein

Das ganze Jahr über finden Tiere in unseren Gärten und Parks Versteckmöglichkeiten. Gerade im Winter können wir viele vorher unbemerkte Nester und Verstecke aufspüren. Im kahlen Buschwerk einer Hecke entdecken wir ein napfförmiges Nest. Sein Rand ist mit den Zweigen des Gebüsches verwoben. Jetzt ist das Nest verlassen, und wir dürfen es ruhig einmal aus der Nähe betrachten. Es besteht aus trockenen Grashalmen, Stängeln, Wurzeln, Wolle, Daunen und Moos. In den Nestrand sind außerdem Spinnweben eingeflochten. Das muss das Nest eines Mönchsgrasmücken-Paares sein. Im Frühjahr und Frühsommer haben beide noch ihre abwechslungsreichen Flötenstrophen zum Besten gegeben und sich lautstark mit hartem »Tack« beschwert, wenn jemand ihrem Brutplatz zu nahe kam.

Ein paar Meter weiter, unter einem Reisighaufen, türmen sich Laub, Moos und trockenes Gras. Nicht wir haben es dort hingetragen, sondern ein Igel. Unter den Ästen hält er auf dem weichen Moospolster jetzt sicher seinen Winterschlaf.

Auch im Dornengestrüpp unserer Wildrose entdecken wir jetzt ein altes Vogelnest nahe am Boden. Im Sommer war das Nest im dichten Blattwerk verborgen. Es ist ein dickwandiger, kugeliger Bau und hat seitlich ein Einschlupfloch: das Brutnest des Zaunkönigs. Es besteht aus Blättern, Moos, Gras und anderen Pflanzenteilen. Innen ist es mit Federn ausgelegt.

Ein Blick auf unseren Nistkasten genügt, und wir wissen Bescheid: Aus dem Flugloch quillt auffällig viel Laub heraus, und auf dem Nistkastendach steht ein »Türmchen« aus kleinen Kotpillen – beides eindeutige Spuren eines Siebenschläfers, der hier den Sommer über gewohnt hat. Jetzt schläft er längst irgendwo in einer selbstgegrabenen Erdhöhle.

Unser Nistkasten ist aber nicht nur im Frühling und Sommer für Tiere interessant. Nach der Brutsaison finden wir wieder Vogelkot darin, obwohl wir ihn doch gerade erst gereinigt haben. Scheinbar nutzen ihn einige Vögel jetzt als Übernachtungsplatz, z. B. Meisen und Kleiber. Um herauszubekommen, ob der Nistkasten nur gelegentlich oder regelmäßig als Schlafplatz genutzt wird, entfernen wir den Vogelkot und nehmen uns vor, jetzt jeden Tag einmal nachzusehen.

Der winzige Sperlingskauz, ein echter Hinterwäldler, lebt weitab von menschlichen Siedlungen. Er lagert erbeutete Kleinvögel im Winter in einer Baumhöhle, entnimmt sie später portionsweise aus seinem »Naturkühlschrank« und taut sie vor dem Verzehr auf.

Siebenschläfer in seinem Nistkastennest . Häufiger verschläft er den Winter aber unterirdisch in Erdhöhlen. Bei starkem Frost ist er dort viel besser geschützt.

Wie Indianer auf der Pirsch: Spuren im Schnee

Im Schnee hinterlässt jeder eine Spur und wir können, wie Indianer auf der Pirsch, die Fährte aufnehmen. Fuchs, Hirsch, Reh, Wildschwein, Hasen, Vögel, Eichhörnchen, aber auch Hund und Hauskatze hinterlassen im weichen Schnee arttypische Spuren ihrer Hufe und Pfoten: sog. Trittsiegel. Aus diesen Spuren lässt sich lesen, wohin der Fuchs unterwegs war, ob das Wildschwein alleine war oder einen Familienausflug machte, ob es das Eichhörnchen eilig hatte, ob der Hase verfolgt wurde oder wann das Reh eine Pause eingelegt hat.

Besonders an sog. Wildwechseln (Engstellen, an denen viele Tiere unterwegs sind) lassen sich zahlreiche Spuren verschiedener Waldtiere finden.

Alles auf Anfang

Und an dieser Stelle schließt sich der Kreislauf der Jahreszeiten. Bereits im Winter deuten – trotz Eiseskälte und weißer Pracht – die ersten Anzeichen auf den erneut bevorstehenden Frühling hin. Schon ab Februar singen die ersten Vögel ihre Lieder und die ersten Pflanzen stecken ihre Köpfchen durch die Schneedecke.

Register

Wichtige Adressen

NABU –
Naturschutzbund Deutschland e.V.
Charitéstraße 3
10117 Berlin
Tel. 030-28 49 84-0
Fax 030-28 49 84-20 00
NABU@NABU.de

Bund für Umwelt und Naturschutz
Deutschland e.V. (BUND)
Bundesgeschäftsstelle
Am Köllnischen Park 1
10179 Berlin
Tel. 0 30 / 2 75 86 - 40
Fax 0 30 / 2 75 86 - 440
bund@bund.net

Deutscher Jugendbund für
Naturbeobachtung (DJN)
Geiststraße 2
37073 Göttingen
Mail: djn [at] naturbeobachtung.de

Deutscher Naturschutzring,
Dachverband der deutschen Natur- und
Umweltschutzverbände (DNR) e.V.
Marienstraße 19-20
10117 Berlin
Telefon: 030 / 678177570
Fax: 030 / 678177580
E-Mail: info @dnr.de

Deutsche Umwelthilfe e.V.
Fritz-Reichle-Ring 4
78315 Radolfzell
Tel. 0 77 32 / 99 95 - 0
Fax 0 77 32 / 99 95 - 77
e-Mail info@duh.de

Landesbund für Vogelschutz in
Bayern (LBV) e. V.
Landesgeschäftsstelle
Eisvogelweg 1
91161 Hilpoltstein
Telefon: +49 (9174) 4775-0
Telefax: +49 (9174) 4775-75
E-Mail: info@lbv.de Internet: www.lbv.de

WWF Deutschland
Reinhardtstraße 14
10117 Berlin
Tel.: 030 311777-700
Fax: 030 311777-199

Staatliche Vogelschutzwarte für Hessen,
Rheinland Pfalz und Saarland
Steinauer Str. 44
60386 Frankfurt
0694201050
Fax; 06942010529
Mail: info@vswffm.de

Pro Natura – Schweizerischer Bund
für Naturschutz
Dornacherstrasse 192
4018 Basel
SCHWEIZ
Telefon: +41 (061) 3179191
Telefax: +41 (061) 3179166
Email-Adresse:
pronatura-bs@pronatura.ch
Homepage:
www.pronatura.ch

Naturgarten e.V.
Verein für naturnahe Garten- und
Landschaftsgestaltung
Geschäftsstelle:
Kernerstr. 64
D-74076 Heilbronn
Tel. 07131 / 64 99 99 6
Fax 07131 / 64 99 99 7
E-Mail geschaeftsstelle@naturgarten.org

Schweizer Vogelschutz
SVS/BirdLife Schweiz
Wiedingstr. 78, Postfach
CH-8036 Zürich
Tel. 044 457 70 20
Fax 044 457 70 30
svs@birdlife.ch

Schweizerische Vogelwarte Sempach
Seerose 1
CH-6204 Sempach
Tel. 041 462 97 00
Fax 041 462 97 10
E-Mail: info@vogelwarte.chMail:

BirdLife Österreich -
Gesellschaft für Vogelkunde
Museumsplatz 1/10/8
A-1070 Wien, Österreich
Tel: 01 / 523 46 51
Fax: 01 / 523 46 51 50
Mail: office@birdlife.at

KOSMOS.
Natürlich kreativ.

Passende Mitbringsel für jede Jahreszeit!

Liebevoll selbst gemachte Geschenke kommen immer gut an. Ob kulinarische Genüsse aus der eigenen Küche, wohl duftende Wellness-Produkte aus dem eigenen Garten: Wer gerne etwas ganz Besonderes verschenkt, findet in diesem Ratgeber Inspiration, eine Fülle von raffinierten Rezepten und genaue Anleitungen zum Selbermachen. Insektenhotel, Landart-Kalender oder Nistkasten? Einfach ausprobieren!

Anne Rogge | Geschenke aus der Natur
144 S. 130 Abb., €/D 14,99

Draußen mehr erleben!

Mit diesem Buch wird die Lust auf Natur ganz neu entfacht. Emotional und abwechslungsreich, mit stimmungsvollen Tier- und Pflanzenfotografien, bietet es einen lebendigen und lehrreichen Jahresstreifzug von Frühlingserwachen bis Winterstille. Dazu gibt es spannende Beobachtungstipps, Wissenswertes zur heimischen Flora und Fauna und kreative Bastel-, Spiele und Rezeptideen. Nie war es unterhaltsamer, die Sehnsucht nach authentischem Naturerleben zu stillen.

Bärbel Oftring | Naturlust
144 S., 241 Abb., €/D 16,99

kosmos.de/natur

Macht Spaß.

Macht Sinn.

Die Natur erleben
mit dem NABU.

Mach mit!

www.NABU.de/aktiv

NABU

Impressum

Umschlaggestaltung von Populärgrafik unter Verwendung eines Fotos
von Wolfgang Nietzold.
Die Aufnahme zeigt ein Taubenschwänzchen. Die kleinen Aufnahmen
auf der Rückseite zeigen von links nach rechts:
Star (von Alfred Limbrunner), Biene, Reh und Waldkauz (alle von Fokus Natur).

Mit 239 Farbfotos.
Fokus-Natur: 2/3; 6; 7; 8 m.; 8 l.; 9 m.; 9; 10; 11; 15; 16; 17; 19 o. r.; 19 u. r.; 21; 24; 25; 26; 27 o. r.,
27 u. r.; 29; 30; 31 r.; 32; 33; 38; 40; 41 l.; 45; 46 l.; 47; 48; 49; 50; 51; 52 l.;54; 55; 57; 61 l.; 62; 63; 64;
67; 69; 71; 72 l.; 73 l.; 74; 75; 76; 77; 78; 79; 80 l. o., 80 l. u.; 81 l.; 82; 83; 84; 85; 86; 87; 90; 92; 94;
95; 96; 98 l. o.; 98 l. u.; 99; 101 r.; 102; 103; 108; 109; 110; 111; 112; 113; 114; 115; 116; 117; 118 l.;
120;121; 122; 123; 124 r.; 125; 126 r.; 127 r.; 128; 129 l.,129 r. u.; 130; 131; 134; 140; 141; 142; 143;
144; 145; 146; 147; 148; 149; 150; 151; 152; 153; 154.
Alfred Limbrunner: 5 u.; 8 r.; 14; 18 r.; 19 l.; 23 m.; 23 r.; 27 l.; 28; 34; 35; 36; 37; 39; 44; 46 r.; 52 r.;
53; 56; 58; 59; 61 r.; 68; 70; 72 r.; 73 r.; 80 r.; 81 r.; 88; 89; 91; 97; 98 r.; 101 r.; 106; 107; 118 r.; 119;
122; 123; 124 m., 124 l.; 126 o. l., 126 u. l.; 127 l.; 129 r. o.; 132/133; 135; 136; 137; 139; 155.
JuNi Art: 4 o.; 5 o; 12/13; 41 r. u.; 47 u.; 60; 66; 104/105.
Robert Groß: 18; 20; 22 l., 22 r.; 23 l; 41 r.;
Reinhard Tierfoto: 93.
Pitopia ©Nailia Schwarz, 2011: 4 u.; 42/43.
Thomas Stefan: 98 r.; 101 l.

Trotz sorgfältiger Prüfung und Recherche sind alle Angaben in diesem Buch ohne Gewähr.
Eine Garantie oder Haftung der Autoren, des KOSMOS-Verlags oder von ihm beauftragter
Personen sind ausgeschlossen.

Unser gesamtes lieferbares Programm und viele
weitere Informationen zu unseren Büchern,
Spielen, Experimentierkästen, DVDs, Autoren und
Aktivitäten finden Sie unter **kosmos.de**

Gedruckt auf chlorfrei gebleichtem Papier

©2013, Franckh-Kosmos Verlags-GmbH & Co. KG, Stuttgart.
Alle Rechte vorbehalten
ISBN 978-3-440- 13513-6
Redaktion: Monika Weymann
Assistenz: Katja Joswig
Gestaltung und Satz: Populärgrafik Stuttgart
Produktion: Markus Schärtlein
Printed in Slovakia / Imprimé en Slovaquie